中国科技教育
China Science & Technology Education

联 合 出 品

少年科学阅读丛书

LAZHU DE GUSHI

蜡烛的故事

【英】迈克尔·法拉第 著
吴睿 译

SPM 南方传媒 广东人民出版社
·广州·

图书在版编目（CIP）数据

蜡烛的故事 /（英）迈克尔·法拉第著；吴睿译．—广州：
广东人民出版社，2023.6
ISBN 978-7-218-14927-1

Ⅰ.①蜡…　Ⅱ.①迈…　②吴…　Ⅲ.①化学—普及读
物　Ⅳ.①O6-49

中国版本图书馆 CIP 数据核字（2021）第 050950 号

LAZHU DE GUSHI
蜡烛的故事
［英］迈克尔·法拉第　著　　吴睿　译

出 版 人：肖风华

总 策 划：徐雁龙
责任编辑：李力夫
责任技编：吴彦斌　周星奎
装帧设计：京京工作室

出版发行：广东人民出版社
地　　址：广东省广州市越秀区大沙头四马路 10 号（邮政编码：510199）
电　　话：（020）85716809（总编室）
传　　真：（020）83289585
网　　址：http://www.gdpph.com
印　　刷：三河市中晟雅豪印务有限公司
开　　本：880mm×1230mm　1/32
印　　张：4.5　　字　　数：87 千
版　　次：2023 年 6 月第 1 版
印　　次：2023 年 6 月第 1 次印刷
定　　价：36.00 元

如发现印装质量问题，影响阅读，请与出版社（020-85716849）联系调换。
售书热线：（020）87716172

“大师科普经典文库”总序

欲厦之高，必牢其根本。一个国家，如果全民科学素质不高，不可能成为一个科技强国。提高我国全民科学素质，特别是青少年一代的科学素养，是实现中华民族伟大复兴的客观需要，而做到这一点，科普工作的意义自不待言。

科普工作的目标就是要大众化，要有更多的人重视这件事、参与这件事，它是带有全局性的，他的广泛性和深入性是其他工作无法比拟的。

科学精神、科学文化、科学氛围被社会广泛认同，迫切需要科普发挥作用。科普是软实力，对提升全民科学素质、建设世界科技强国都非常重要。

对于青少年来说，我们要从培养兴趣和习惯入手。兴趣看似只停留于表面，实则是开启孩子大脑创新力、走好培养科学精神的第一步。

好的科普作品，对于青少年读者科学精神和科学思想的培养和教育，是大有裨益的。科学知识如浩瀚之海洋。海洋巨大，并非无源之水。它是由无数涓涓细流汇集成小溪小河，再汇集成大江大河，最后奔腾入海。一部好的科普作品就像一个好的导游，和读者一起沿着江河，溯源而上，进行一番探索旅行，引导读者去探求知识的源头，引导读者打开科学的大门。

“大师科普经典文库”系列，兼顾历史与当代名著，注重科学精神和科学思想的培养。精选的作品，既有在我国科技发展史上起到重要作用的科普名著，也有在国际上有较大影响、屡获殊荣的大师经典。

编辑出版这套系列丛书的目的，首先是向青少年读者提供一套展示百年来科学技术重要发展历程，且深入浅出、通俗易懂的科普精品，激发青少年对科学技术的兴趣；再者，是把分散出版的、淹没在书海中的零星科普名著集中起来，统一规格，以发挥其整体效应。

希望“大师科普经典文库”系列，能为青少年读者提供更好的阅读体验和更多的知识收获，也希望这套书能够帮助更多青少年读者迈进科学的大门。

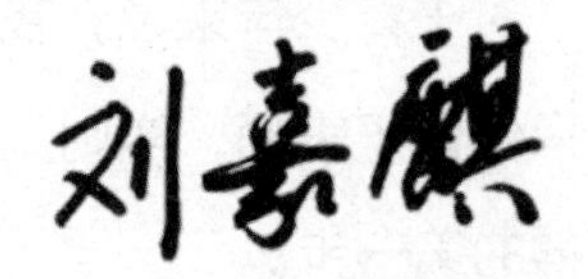

中国科学院院士

中国科学院地质与地球研究所研究员

目录 Contents

1 第一讲 蜡烛

25 第二讲 火焰的亮度

45 第三讲 生成物

67 第四讲 蜡烛中的氢

87 第五讲 空气中的氧

113 第六讲 碳或碳质

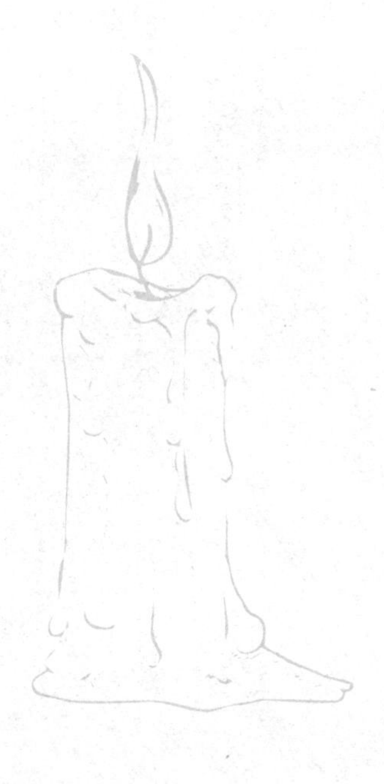

第一讲
蜡烛

以前，蜡烛是人类生活中不可或缺的照明物。但在蜡烛产生之前，有一种“烛木”，那是一种质地坚硬的木材，燃烧起来像蜡烛一样可以照明。蜡烛中也有“奢侈品”，它们大多注重外形的雕饰，却忽略了实用性。原来蜡烛燃烧是先把固体的物质变成液体后，通过灯芯的吸取才能照明……除了这些，你对蜡烛还有哪些了解呢?

为了不辜负各位聆听讲座的盛情，我将利用这几次讲座的时间给大家讲一讲蜡烛的化学史。

此前，我就以蜡烛为主题做过一次讲座，不过，如果可以按照我的想法来，我愿意每年都把它讲一讲。因为这样的题材实在是引人入胜，它为科学的各个分支学科所揭示出的丰富多彩的境界又是那么的精妙绝伦。这部化学史涵盖了所有驾驭我们这个世界的物理法则。研究蜡烛的物理现象和化学现象是步入自然科学进行深入研究最好的也是最为便捷的大门。因此，我深信即使我没有选择更为新奇的话题而是依旧沿用这一主题，大家也不会因而感到失望不已，因为它是最好的，任何其他的话题都不会比它更精彩。

在继续讲正文之前，还有一点请允许我说明一下，尽管我们谈论的问题是如此的高深，而且我们的初衷是要以认真、严肃以及从事科学研究的态度来对待它，但是对于在座的各位资深同僚而言并不适合。这里我要声明的是我会以青少年的身份来跟孩子们展开一场同龄人间的对话。以前我就是这么做的，如果大家不介意，今天我会依然如此。因为这样一来，尽管我明知自己是在大庭广众之下讲话，却依然可以如同唠家常一样毫无拘束地侃侃而谈。

那么现在，孩子们，让我首先给你们讲讲蜡烛是怎么制成的。说起来，关于蜡烛的一些事情可是非常奇怪呢。我这里有几块木料和一些树枝，它们都是易燃物件。还有，大家瞧一瞧这块从爱尔兰泥炭坑里挖出来的怪东西。它被称作“烛木”，是一种质地坚硬的上等木材，因为它燃烧起来像蜡烛一样明亮，当地人就把它劈成小块用来照明。

我认为这种木头恐怕是我能找到的最好、最生动形象的用来说明蜡烛的一般特性的教具。现在，燃料有了，促使这一燃料发生化学反应的媒介也具备了，再在发生化学反应的地方源源不断地提供定量的空气，这样一小块木头就能够产生光和热，实际上这就是一支天然的蜡烛。

但是我们还得说说市场上的那些人造的蜡烛，因为我们的主题说的就是这个。请看这里的两支人造蜡烛，也就是我们通常所说的蜡烛。人造蜡烛是这样制作的：将切成一定长度的棉纱烛芯的其中一头打一个活结挂起来，浸入融化的牛脂中，再提起来晾一晾，然后将烛芯再次浸入牛脂中，如此反复直到烛芯周围沾到足够的牛脂，这样一支蜡烛便做成了（图1）。

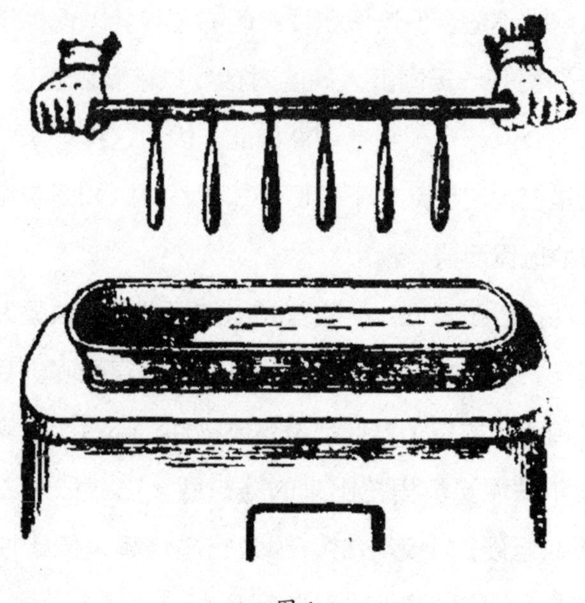

图 1

为了能让大家对这种蜡烛的特点有明确的认知，请大家看我手里握着的这几支蜡烛，它们很小，样子也很有意思。这些蜡烛是过去矿工在矿井里使用的。以前，矿工下井得自备蜡烛，他们认为蜡烛越小越不容易引起矿井的瓦斯爆炸。正是基于这样的想法，同时也为了能省钱，他们就制作出这种细小的蜡烛，20支、30支、40支或者60支合起来才有1磅重。后来，这种小蜡烛被油灯（图2）所取代，再后来，又被各种各样的安全灯“接了班”。

我这里有一支从“英皇乔治”号上弄到的蜡烛。这艘船沉入海底很多年，一直受到海水的侵蚀。这恰恰能够让我们看到蜡烛有多么好的耐性。尽管这支蜡烛看起来全身斑驳，破裂不堪，但只要将其点燃，它依然可以燃烧如常，而且烛油一旦熔化，便立马恢复了原来的样子。

图 2

有一个朋友给了我好些品相非常棒的蜡烛样品和原料，我也想在这里聊一聊这些东西。在我看来，蜡烛制造之初用的原材料是牛板油，也就是牛脂。后来，人们又将牛脂转化成这种美妙的东西——硬脂，瞧，就是我放在旁边的那块。大家都知道，现在的蜡烛可不再是以前那种油腻腻的牛脂蜡烛，而是非常干净清爽的，即使把淌下来的烛泪刮下来磨成粉也不会弄脏任何东西。

硬脂的制造过程分为以下几个步骤：首先要将脂肪或是牛脂与生石灰一起煮，使之在烧煮后呈肥皂样，之后用硫酸对其进行分解，去除掉其中的石灰，留下的脂肪便成了硬脂酸，同时还会产生一定量的甘油。甘油是一种类似于单糖的物质，在这样的化学反应中被提取出来。甘油跟硬脂酸混合在一起，所以必须把它们分开，将混合物中的油质压出来。看看这些被压过的饼子就可想而知，随着压力越来越大，油质的部分就会被压出来，杂质也会随之被挤出来。最后，将剩下的物质熔化就可以制成大家所看到的我手中的这种蜡烛。

我手中的这支硬脂蜡烛就是按照我刚刚给大家介绍的方法制成的。大家再来看一下，这是一支鲸脑油烛，由纯净的抹香鲸的脑油制成。另外，这些黄蜂蜡和提纯的蜂蜡也可以用来制作蜡烛。此外，还有一种名为石蜡的有趣物质，许多石蜡蜡烛是用爱尔兰泥炭地里的石蜡制成的。我这里还有一个东西，它来自遥远的日本，是我的一位好朋友送给我的，也是一种蜡，它为蜡烛的制作提供了新的原料。

那么，蜡烛到底是怎样制成的呢？前面我已经给大家介绍过蜡烛制作的浸沾法，现在我要给大家讲一讲蜡烛制作的模制法。

我们假设一下，这些用来制作蜡烛的材料都是可浇的。“浇！”大家也许会说，“蜡烛是可以熔化的东西，既然能够熔化，就一定能浇。”但事实并非如此。

说来也奇怪，在生产制造的过程中，思考哪种才是最适当方法的时候，事情往往会演变得出乎人们的意料。用浇的方法制作蜡烛并非屡试不爽。蜡质的蜡烛不能采用浇的方法，而是需要采用特殊的方法来制作，这种方法只要一两分钟就可以说明白，但是我不能再在这上面多费时间了。简而言之，蜡这种东西尽管易燃易熔化，却无法浇制。

现在，让我们来聊一种可以浇制的原料。这里有一个架子上面固定了一些模具（图3），第一步要在这些模具里穿上烛芯。瞧，这里刚好有一根不需要剪

图 3

烛花[①]的棉纱烛芯，靠细铁丝撑着一直通到模子的下面（图4），再用小木钉将其钉在模具的底部并拉紧，与此同时小木钉会堵住模具底部的小孔，这样倒入的烛油就不会漏出了。在模具的顶部横放一根小棒，紧拉着烛芯把它固定在模具之中。然后，将熔化的烛油灌注于各个模具中。一段时间过后，待模具冷却，把多余的烛油倒在角落里并将其全部清除干净，再将烛芯的尾巴逐个剪掉，这样留在模具里的就只有一支支蜡烛，此时只需像我这样将它们翻过来一倒，蜡烛就会全部滑落出来。

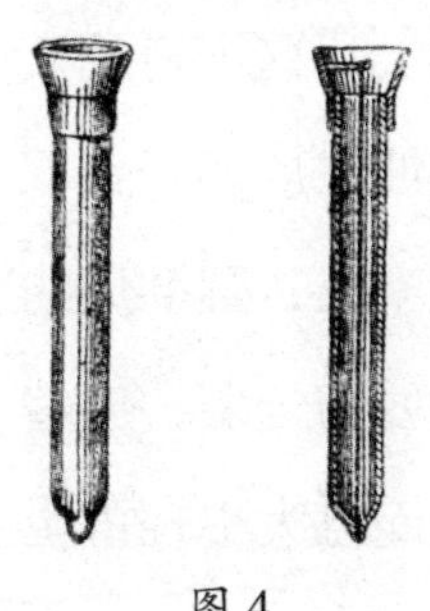
图 4

由于蜡烛的形状是圆锥形，上面细下面粗，再加上冷却后温度降低体积缩小，只要轻轻一晃便会从模具中脱出。我们可以用同

① 烛芯上加点儿硼砂或磷盐是为了使之随烧随熔，不会结出烛花。

图 5

样的方法来制作硬脂蜡烛和石蜡蜡烛。至于蜡质蜡烛的制作，就更有意思了。

正如你们在这里看到的（图5），这个架子上悬挂着许多棉线条，在每根棉线的尾部都套了一个金属箍，为的就是不让这里沾上蜡。现在，我将它们挪到熔蜡加热器前。大家看，这个架子能够旋转，它一边转，一边有人拿着蜡壶逐个给棉线浇蜡，一个接着一个。当他把所有棉线条都浇完一遍，等它们凉透再浇第二遍，直到蜡烛够粗为止。

这个过程就好像一点儿点儿地给它们穿衣喂食一般，当它们长到足够粗就会被人从上面取下来放到一边。我这里有几支别人送给我的样品，而这一支则是半成品。蜡烛在从架子上取下来之后，还需要在光滑的石板上好好地滚搓整形，圆锥形的顶部是用同样形状的管子浇成，最后底部也需要切一切，修整一下。采用这种方法制作出来的蜡烛不但美观而且大小轻重也比较均匀。

然而，我们不能再把更多的时间花在蜡烛的制造上面了，我们必须进一步探讨下面的问题。目前为止，我还没有谈到蜡烛中的“奢侈品”呢，而且蜡烛中的确有“奢侈品”的存在。看看这些蜡烛的颜色是多么地漂亮。瞧，紫红的，桃红的，五颜六色的蜡烛。不仅如此，蜡烛的形状也是多种多样：这是一支凹槽柱形的蜡烛（图6），样式真是美极了；我这里还有几支别人送给我的蜡烛，上面装饰着各种图案，当它燃烧的时候，就好似一轮艳阳挂在上面，照耀着簇拥在下面的鲜花。但是，这样的蜡烛虽然做工精巧，款式精美，却并不实用。比如这些有凹槽的蜡烛，虽然很美观，却是下等货，差就差在它们的外形上。

我给大家展示友人馈赠给我的蜡烛样品，目的无非就是想让你们了解，在蜡烛制造的各个方面，我们已经取得了哪些成就，又该在哪些方面继续努力。就像我刚才说的，这些华而不实的装饰该为蜡烛的实用性让让路。

现在，我们再来谈谈蜡烛的发光问题。我要先点燃一两支蜡烛，让它们燃烧起来，发挥一下其特有的作用。我们观察一下，就会发现蜡烛和油灯有很大的不同。油灯需要在容器里装上油，再放上点儿灯草或是搓好的棉线条，用火将灯芯头点燃就成

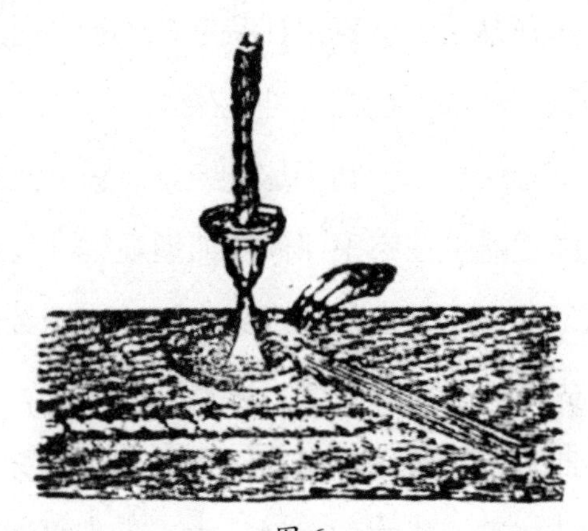

图 6

了。当火焰顺着棉线条向下燃烧到灯油和空气的分界线时，火就熄灭了，但是上面的部分还会继续燃烧。

说到这里，大家一定会问："灯油烧不起来，而灯芯头又怎么会烧起来呢？"这个问题我们得马上研究一下，可是蜡烛的燃烧要比这个问题有意思得多。蜡烛是固体形态的物质，不需要使用任何东西来盛放，可这种固体物质怎么会跑到火焰那儿去呢？而身为固体而非液体的它又是怎样来到这里的呢？或者说它在变成液体后又是怎样聚在一处而不流开的呢？蜡烛的奇妙之处就在这里。

我们会场里的风很大，这对于我们的讲解有利也有弊。为了让实验能够正常进行，同时也将问题简化，我会让蜡烛的火苗保持稳定，因为在研究一个专题的时候，谁会把那些与题无关的困难置之不理呢？市场上那些卖青菜、土豆或是鲜鱼的小商贩，在周六晚上做生意的时候想出了一个巧妙地给蜡烛避风的好办法，可真是让我钦佩不已。他们给蜡烛套上一个玻璃灯罩，灯罩被拴在一种柱架上，能上也能下，可以自由移动，非常方便灵活。利用这种方法，就能让蜡烛的火苗保持稳定，这样就能坐在家里仔仔细细地观察，我希望大家都能够试一试。

现在，我们来观察一下这支已经燃烧了一会儿的蜡烛。首先，你们可以看到，在蜡烛的顶部，也就是火焰与烛身相接的地方，已经烧出了一个非常明显的杯子形状的凹陷。当四周的空气接近蜡烛的时候，由于受到蜡烛燃烧所产生的热气流的影响，会改变方向往上流动，这样就会使周边的蜡、牛油或是其他的燃料冷却下来，从而导致蜡烛边缘的温度比中间部分要低许多。所以，我们可以观察到：蜡烛中心部分会被火焰熔化，而火焰则会沿着烛芯继续向下燃烧，但是蜡烛边缘不会熔化（图7）。如果我在一侧轻轻吹动烛火，烛杯就会倾斜破裂，烛油就会溢出去。因为使烛油保持水平的是让世界万物各守本位的地心引力，所以当烛杯失去平衡，烛油自然就要流淌出去了。

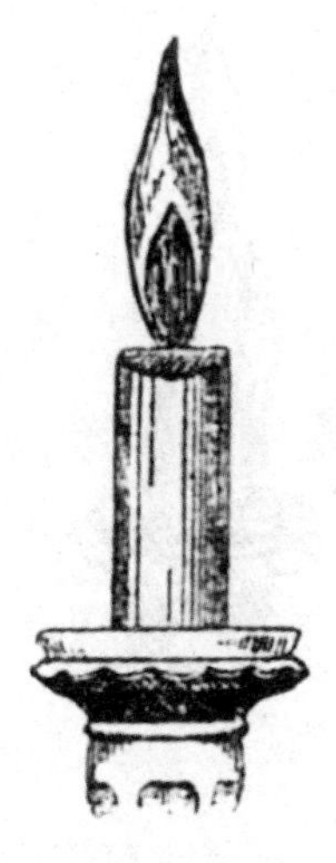

图 7

因此，我们可以看到，烛杯的形成正是由于蜡烛周围受到的非常均匀的上升气流的影响，从而使其边缘部分一直保持冷却状态的结果。任何在燃烧时无法形成这种杯状凹陷的燃料，都不适宜用来制作蜡烛。只有像爱尔兰烛木那样的燃料是个例外，因为这种物质本身就如海绵一般，自身就带着好多燃料。现在，大家就能够明白为什么刚刚我给大家展示的那些精美蜡烛的使用体验会那么糟糕。这些花里胡哨、形状不规则的蜡烛，在燃烧的时候无法形成平整美丽的烛杯，而这恰恰正是蜡烛的大美之处。

通过这个例子，我希望大家能够认识到，一种产品是否完美，取决于它的实用价值，这才是其最美之处。对我们而言，最方便有利的并不是那些徒有其表的美丽物件，而是最具实用

图 8

价值的东西。这支蜡烛看起来美丽，但燃起来糟糕，就是因为气流不均匀，无法形成完美的烛杯，烛油就会四处流淌。

大家一定看到过下面这样的情形（图8）：当蜡烛边缘烧出一条小豁口，上升的气流会让有豁口的地方变得更厚。随着蜡烛不断地燃烧，豁口处淌下的蜡也越积越多，最终形成一个小柱子，牢牢地黏在蜡烛边上。蜡烛变得越来越短，小柱子却越来越高，而冷空气也越发地往那里集中，它的温度也会变得更低，从而使之对旁边传来的热力具有更强的抵抗力。我们对蜡烛认识的不足和对其实践的错误，如同在其他问题上犯过的错误一样，往往能够给我们带来宝贵的经验教训，但是如果没有这些错误的实践，那就无法获得这些宝贵的经验。此刻我们都成了哲人，当然我希望大家能够一直记得，无论产生什么样的结果，特别是出现了一些新东西的时候，你一定要问一问原因是什么，又为什么会发生。最终，随着时间的流逝你会发现其中的奥妙。

至于，烛油为什么会脱离烛杯，沿着烛芯流到燃烧点那儿去呢？要想回答这个问题，还有一点需要说明一下。我们都知道，用蜂蜡、硬脂或是鲸脑油制作的蜡烛，其灯芯上燃烧的火苗只会固守在自己的位置上，而不会烧到蜡或是其他物质，火苗所能做的只是让它们不断地熔化。火苗和下面烛杯里的烛油总是保持着一定的距离，而且不会吞食烛杯的边缘。

一支蜡烛从点燃到全部烧完为止，各部分之间相辅相成，达到了和谐的程度，要是让我想出一个比它们合作得还要好的例子，请恕我实在无能为力。像蜡烛这样的可燃物，慢慢地、一点儿点儿地燃烧，却始终不会受到火焰的侵扰，简直是难得一见的奇观。特别的是，我们已经知道火焰的威力是多么的巨大，蜡到了它的手里会受到怎样的摧残：只要跟它靠得太近，蜡就会被搞得面目全非。

那么，蜡烛火焰的燃料又是怎么到达烛芯的呢？关于这一点，有种非常有趣的现象，叫作“毛细管引力”[①]。有人可能要问，“毛细管也有引力？”其实，大家不要过于在意它的称呼，这个名字是很久以前在人们还对其不甚了解的时候给它取的。我们只要明白，就是这种被人们称之为毛细管引力的力，把烛油送到燃烧的地方并储存在那里，而且还绝不是随随便便而为之，而是极其巧妙地将其送入火焰周围发生化学反应的正中心。

现在我将为大家举一两个毛细管引力的例子。正是这种毛

---

① 毛细管引力是一种能使液体在细管内上升或下降的力。如果将细玻璃管插入装有水的容器中，管内的水面会高出容器的水面。如果容器里装的是水银，就会呈现排斥力而不是吸引力，细管内的水银就会比外面的低。

细管引力可以让两种不相溶解的东西联系在一起。例如在我们洗手的时候，手一碰到水就变湿了，然后搓一点肥皂，手还是湿答答的，这就是由我要讲的毛细管引力造成的。假如你的手不那么脏，当然日常生活中大多数情况都是这样，你只要把手指浸入水里，水就会顺着你的手指向上爬升一小段距离，虽然你并不会停下来观察它。

我这里有个盘子，里面放了一根食盐柱，这是一种可渗透性物质。接下来我会把一种液体倒在盘子里，但是这种液体并不是水，而是呈饱和状态的食盐溶液。所谓饱和，就是说它不能再溶解更多的东西，所以接下来大家要看到的情况不是溶解的结果。我们现在可以把这个盘子看作一支蜡烛，假设食盐柱就是烛芯，而食盐溶液就是熔化的烛油（我已经将饱和的食盐溶液染为蓝色，这样大家可以看得更清楚）。大家看好了，现在我将食盐溶液倒入盘子里，它沿着食盐柱一点儿点儿地向上爬，越来越高，要是食盐柱不倒，它就能一直爬升到顶部（图9）。

图 9

如果这种蓝色的溶液具有可燃性，而我们又在食盐柱顶端放上烛芯的话，那么它就能够渗入烛芯中，此时用火点燃它就会燃烧起来。能够这样亲眼见证这种现象的发生，并观察到它出现的前因后果，简直是一件极为有趣的事情。

我们继续讨论洗手的问题，在你洗好手之后，需要用毛巾把手上的水擦干，毛巾则会在毛细管引力的作用下，吸收手上的水分而变湿。烛芯被烛油弄“湿”也是同样的道理。我看到有些粗心大意的孩子，当然这些孩子也并不总是如此，他们在洗完手用毛巾擦过之后将毛巾随意地搭在脸盆的边上就完事了，但是用不了多久，毛巾就会将脸盆里的水吸上来，转运到地板上。因为毛巾被搭得不偏不倚，恰好可以起到虹吸管[①]的作用（图10）。这个例子可以让我们更清晰地认识到物质与物质之间的相互作用。

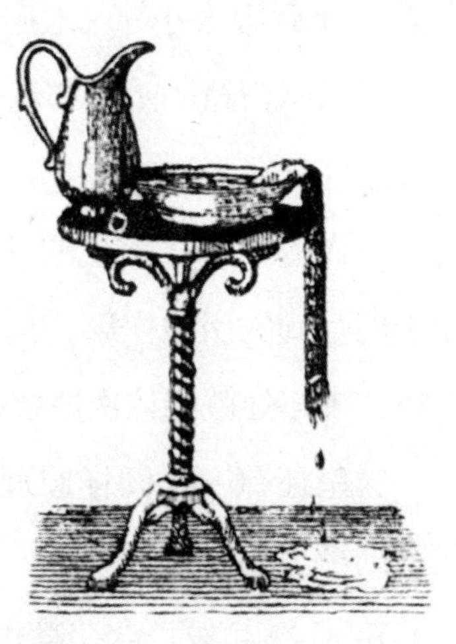

图 10

我这里还有一根铁丝纱管子，里面装满了水，它的作用一方面可以跟棉花媲美，另一方面

---

① 液体能够自动从液面高的容器中，通过管子流入液面较低的容器从而离去的现象被称为虹吸，而实现这一作用的管子则被称为虹吸管。虹吸现象完全是由于大气压力的作用而产生的。

也不输细布。实际上，有些烛芯就是用这类铁丝纱做成的。大家一看就会发现这种管子全身布满了小洞眼儿，如果我从顶部向管子里倒点儿水，水马上就会从管子底部漏出去。可是，如果我问大家："水倒入之后，管子到底会是什么样子？管子里有什么？而它又为什么会在里面呢？"大家兴许会愣上好一阵子，却答不出个所以然来。

其实，管子里盛满了水，尽管你看到水被倒进去以后又漏了出来，似乎里面完全是空的。为了跟你证明这一点，我也只好把水倒空了。理由非常简单：铁丝纱被打湿后会保持湿润的状态，而洞眼太小了，由于附在其四周的水分之间的引力很强，所以尽管管子上面布满小洞眼儿，水依然能够留在里面而不会全部跑光。

同样的原理，熔化的烛油分子会沿着烛芯向上直到顶端，由于相互间的引力作用，其他的分子也随之一起爬上来，当它们到达火焰处就会依次燃烧起来。

这里还有一个同样原理的实际例子。看，这是一节芦苇。我看到街上的一些男孩子，急于装出一副大人的模样，会拿着一节芦苇，点燃了含在嘴里当雪茄抽。他们之所以可以这样做，是因为芦苇是透气的，具有毛细管作用。如果我将这节芦苇直立在一只装有莰烯（一种性质很像石蜡的物质）的盘子里，它就会沿着芦苇芯逐渐上升，这跟蓝色溶液不断爬上食盐柱的情况一模一样。芦苇的周围没有小洞眼儿，液体没有其他的出路，所以只能一直向上走。

现在，莰烯已经到达了芦苇的顶部，只要用火一点，它就能被当作蜡烛用了。莰烯上升，利用的就是芦苇的毛细管引力作用，这跟烛芯吸取烛油是一样的道理。

烛焰之所以没能将烛芯全部烧完，其原因只有一个，那就是烛油把它给熄灭了，导致它无法再向下蔓延。大家知道，如果把一支点燃的蜡烛倒过来，头朝下底朝上，并让烛油肆意沿着烛芯向下流，蜡烛就会熄灭。其原因就是火焰没有足够的时间让不断流下来的烛油热到可以燃烧起来的程度。但是头朝上的蜡烛则不同，烛油是一点点被吸到火焰处的，所以就有足够的时间对其进行加热处理。

关于蜡烛，还有一点你必须要了解，否则就无法全面掌握与蜡烛相关的科学原理，那就是烛油的气化状态。为了能让大家更好地理解，我要做一个很有意思却又很普通的实验。如果我们巧妙地吹灭一支蜡烛，会看到蜡烛上面冒出一股烟。我知道大家经常会闻到这股味道，它闻起来实在不怎么样。不过，这个时候你能非常清楚地看出来这股袅袅升起的青烟其实就是由固体的烛油变成的。

现在，我要把这些燃着的蜡烛中的一支小心翼翼地吹灭，不引起它周围的空气波动，然后再拿一根点燃的小棍放在离烛芯5 ~ 7.5厘米的地方，此时大家就会看到一条长长的火舌穿越小棍与烛芯之间的距离，直扑向烛芯（图11）。如果我想让刚刚吹灭的蜡烛再次燃起来，动作必须干净利索，不然的话刚冒出的可燃气流就会冷却，凝聚成一种液体或是固体，或者是受到干扰而烟消云散了。

图 11

现在，再来看看火焰的形状与构成，这对于我们认识蜡烛在烛芯顶端最终造就的物质形态有很大关系，只有火焰或是燃烧才能让我们看到如此美丽耀眼的景象。你见过金银的闪耀，如红宝石之类名贵宝石的绚丽，但它们却丝毫比不上火焰的辉煌与靓丽。有哪颗钻石能够发出如火焰般的光彩呢？在夜晚，钻石的光彩夺目仰仗的是火焰给它的照耀。火焰在黑暗中璀璨夺目，而钻石失去火焰的照耀便黯淡无光，钻石只有重新获得火焰的垂爱，才能恢复灿烂辉煌。蜡烛自身就可以发光，它可以为自己，也可以为那些需要照明物的人带来光明。

现在我们来看一下玻璃罩里面的火焰形状。在玻璃罩里，蜡烛的火焰稳定而匀称。烛焰虽然会受到大气的干扰或是蜡烛大小的影响而产生不一样的形态变化，但一般而言，烛焰的形态就是大家看到的图上的这个样子，呈现明亮的椭圆形状，顶部比底部要更加明亮，中间是烛芯，而烛芯周围的一圈和接近底部的一块地方比较暗，这是因为这里的燃烧不如上面的充分。

图 12

我这里有一张火焰的图片（图12），是一位名叫胡克尔的科学家在许多年前做实验的时候画下来的。虽然他当时画的是一盏油灯的火焰，但用来说明蜡烛的火焰也很合适。烛杯既可以看作油碟也可以看作油壶，熔化的鲸脑油相当于灯油，而灯芯和烛芯本就是一样的东西。胡克尔在灯芯上画了这个小火苗，又如实地在小火苗的周围画上了肉眼难以看到的袅袅升起的物质。如果你以前没有见过这张火焰图，或者对这个主题并不了解，那么，你是不会知道这些情况的。

通过这张图，胡克尔把火焰周围空气的状况逼真地画了下来，这是火焰必不可少的一部分，而且它们总是会同时出现。火焰周围的空气形成一股上升气流，牵拉着烛火。大家看到的烛火正是受到气流的牵拉而变得更长，这跟胡克尔图上画的被气流拉长一大截的烛火是一模一样的。要是将一支点燃的蜡烛放到阳光下，观察它映在一张纸上的影子，你会看到相同的情况。

应该注意的是，火焰亮得能够让其他东西产生影子的蜡烛，居然能够在一张白纸上把自己的影子映出来，让我们能亲眼看到火焰周围那股本不属于火焰，却又拉着它一起向上伸展的物质，这的确是件令人惊奇的事情。

图 13

现在，我要利用明亮的伏打电池灯来模拟太阳光，然后在“太阳”和这块幕布之间点燃一支蜡烛，这样大家就能够看到火焰的影子（图13）。我们来一起观察一下火焰和烛芯的影子。就像胡克尔图上画的那样，它的一部分比较暗，而另一部分则比较清晰。说来奇怪的是，火焰影子里最暗的部分恰恰却是现实中火焰最明亮的部分。大家再看看，就像胡克尔画的那样，这股不断上升的热气流牵扯着火焰向上变长，给它带来空气的同时也从四周冷却着烛杯口熔化的烛油。

为了能更好地说明火焰如何随着不同方向的气流上上下下，我要给大家做个小实验。这里有一团火焰，但并不是烛焰，不过我相信你们现在已经具备足够的能力对不同的事物进行类比。现在我要做的是把牵拉着火焰向上的气流，倒一个方向，变成一种向下的气流。利用我面前的这套小设备可以轻易地做到这一点（图14）。正

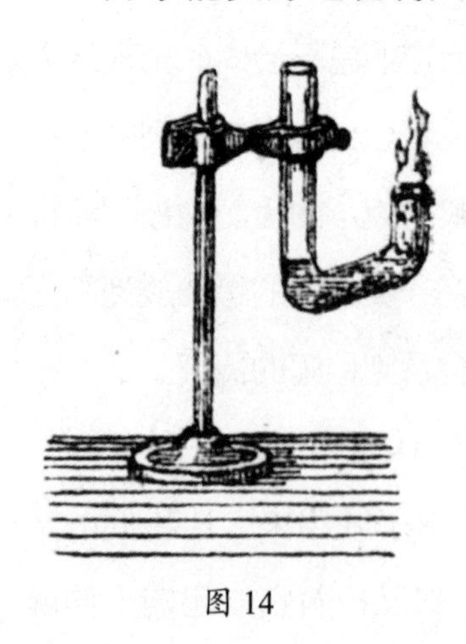
图 14

如我已经说过的，这次我用的并不是烛火，而是酒精燃烧时产生的火苗，所以不会产生太多的烟。

当然，我也会用另一种物质给火焰上色，这样大家就能清楚地看到火焰的踪迹，因为如果让酒精单独燃烧，那火苗的走向就很难辨别清楚了。请看，这种酒精用火一点就能燃烧起来并吐出一股火焰，我们看到火焰在空气中自然而然地向上延伸。现在，大家都能很容易地理解火苗在一般情况下为什么会向上跑的原理了，这是因为燃烧时空气会牵拉它向上。

但是现在，大家看好，只要我对准火苗向下一吹（图15），它就会钻进小烟囱里去，这是因为气流的方向发生了变化。我还见过一种设计巧妙的油灯，烛芯火焰向上而冒出的烟向下，或是刚好相反——火焰向下而烟向上。大家看，这充分说明我们是有能力让火焰的方向发生各种各样变化的。

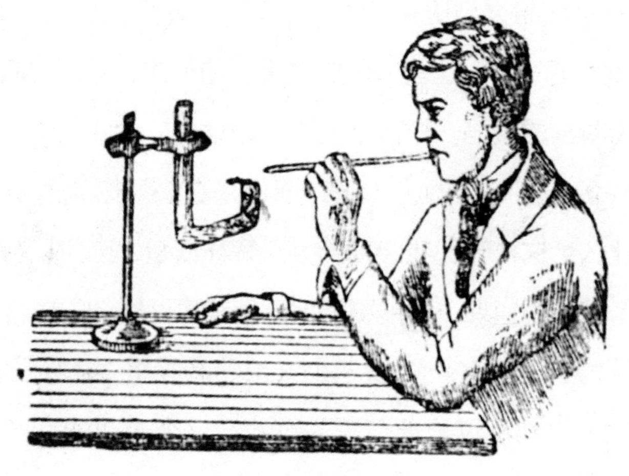

图 15

还有其他的几点，我必须要解释一下。我们看到这些火焰由于周围的气流方向不同，它们的形状也不尽相同，甚至千差万别。但只要我们敢想，我们就有办法让这些不同形态的火焰稳定下来，一动不动，这时我们就可以给它们拍照。实际上，我们还必须给它们拍个照，只有这样才能让它们真正地定格不动，我们才能将有关它的所有奥秘全部挖掘出来。但是，这并不是我想说的唯一一件事情。要是我在这儿点上一堆大火，那么这堆大火燃烧的火焰就不会均匀，形状也无法保持一致，但是其迸发出的生命力却是出奇的旺盛。

在这里，我将用另外一种燃料，而这种燃料能非常忠实贴切地展现蜡烛和烛油的性质。我这里有一个大棉团，可以用来当作烛芯，我已经将它在酒精中浸过，现在要将它点燃。那么，它和普通的蜡烛又会有哪些不同呢？

首先，它的火焰更具活力，所呈现出的美丽与生气跟蜡烛的火焰完全不同，看这些火焰的火舌直往上蹿。另一方面，它跟我们通常看到的火焰一样自下而上地燃烧着。除此之外，它还会分化出许多不同寻常的小火舌，而这是在蜡烛燃烧时所看不到的。为什么会这样呢？我必须给大家解释清楚，因为只有大家彻底明白了其中的道理，才能更好地理解我后面要谈的内容。

我认为在座的各位中有不少人都熟悉我将要展示的这个实验。我想大家都玩过抢葡萄干的游戏，这个游戏能够形象生动地说明火焰在燃烧到一定阶段时的物理状态。这里有一个盘子，不过在正式抢葡萄干的时候，盘子应该充分地烫热，当然，葡萄干和白兰地也必须是热的才行，但问题是我什么都没有。当我把酒精倒入盘子，就相当于我们有了蜡烛顶端形成的烛杯，酒精就是烛油，那么这些葡萄干不就等于是烛芯了吗？现在我把这些葡萄干扔进盘子里，点燃酒精，我提到的那些美丽的小火舌便出现了（图16）。空气爬过盘子的边缘就形成了这些火舌，这是什么道理呢？

图 16

火焰的燃烧在气流的作用下极不规则，因为空气无法朝着相同的方向流动。正是由于空气的流动极不规则，火焰也不可能呈现出整齐划一的样子，而是分化出各种不同形态的小火舌各自为政地独个燃烧。实际上，我们也可以说，它们是一支支独立的小蜡烛。但是绝不能因为一下子看到这些小火舌，就想当然地认为这就是火焰特有的形状。无论在什么时候，火焰的形状都不如此。任何一种火焰，包括刚刚棉花团所燃起的火焰在内，其形状与我们看到的都大有不同。它由很多形态各异的小火舌合成，这些火舌一个接一个地飞速窜出，快得我们的眼睛根本没有办法将它们分辨出来。

以前，我曾经有目的地分析过一种普通的火焰，这张图可以展示出它的各个不同的组成部分（图16）。这些组成部分并不会一下子同时出现，只是因为它们之间连接的速度非常之快，以至于在我们看来好像同时发生一样。

糟糕的是，说来说去我们还是停留在抢葡萄干的游戏上而无法进一步深入下去。但是，无论如何我也不能再过多占用大家额外的时间。对我而言这是一个很好的教训，以后我会更严格地紧贴主题，多讲一些原理，而不是在具体实例上面占用大家这么多时间。

阅读思考

制作蜡烛的材质都有哪些?

身为固体物质的蜡烛为什么能够燃烧呢?

烛焰的形态呈什么形状?

第二讲

火焰的亮度

把玻璃管放到火焰的中心，火焰的中心有东西脱离出来，这是蜡烛的汽化液，而汽化液是一种可以燃烧又会冷凝的物质。一盏有着管状灯芯的老式油灯，限制空气进入，燃烧就不旺盛了，并且冒黑烟。把火药和铁粉混在一起燃烧，火药燃烧时产生火焰，铁粉不产生火焰。除了这些，本章中还有很多有趣的知识，我们一起来了解下吧。

在上一次报告会上，我们探讨的是蜡烛的一般特性及其熔化部分的排布情况，以及这种熔体又是如何跑到燃烧点那儿去的等问题。我们知道，当蜡烛在空气中正常燃烧时，看起来整齐划一，尽管它生性好动并不安分。现在，我必须请大家把注意力集中起来，看一看我们可以用什么样的方法去探知火焰各个部分的活动，去了解这些活动发生的原因、具体情况，以及最后整支蜡烛又跑到哪里去了。

大家都很清楚，一支蜡烛被拿过来放在我们面前，然后被点燃，一直燃烧直至慢慢消失，烛台上连一丝烛灰都没有，这真是一个非常奇怪的现象。为了能够深入探索蜡烛燃烧的细节，我准备了一套设备，至于怎么用，大家只要接着看我怎么做就好。这是一支蜡烛，而这是一支玻璃管，现在我要把玻璃管的一端放入火焰的中心，也就是放进胡克尔火焰图上那块比较暗的部分。在任何情况下，只要你仔细观察而且不去吹动它，这个部分随时可以看得到。我们首先要做的就是研究一下这个比较阴暗的部分。

现在，我要把手里这支弯曲玻璃管的一头放到火焰的阴暗处，你会马上看到有什么东西从火焰里钻进玻璃管，并从玻璃管的另一头冒出来。如果我在那儿放一个烧瓶，用不了多久，你就会看到从火焰的中心部分有些东西渐渐地脱离出来，穿过弯曲的玻璃管，跑进了另一头的烧瓶里。这跟它在露天里的行为可大有不同。

在这个装置里，它不仅拼命要逃出管子朝烧瓶里奔去，而且看起来还很重的样子（实际上也的确如此），最后纷纷落到烧瓶的底部（图17a）。我们发现这其实并不是一种气体，而是蜡烛的汽化液（我们必须了解一下气体和汽化液的区别：一般情况下，气体永远是气体，而汽化液则会冷凝）。如果你吹灭一支蜡烛，就能闻到一股难闻的气味，这就是蜡的汽化液冷凝的结果。

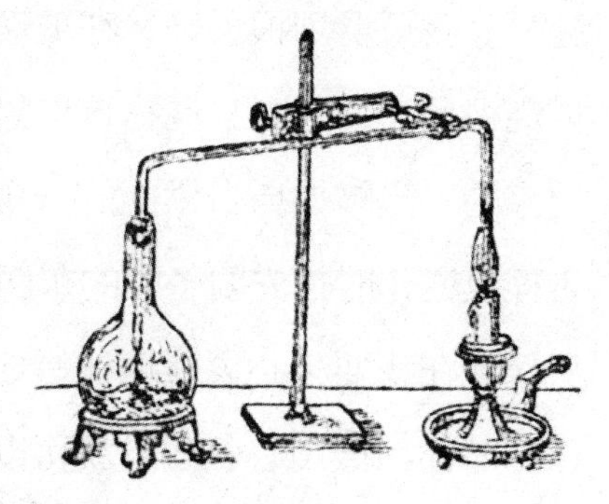

图 17 a

至于火焰的外部情况则大不相同了。为了能让大家看得更清楚，我打算大量地制造这样的汽化液并让它们燃烧起来。对于科学工作者而言，既然我们已经从蜡烛上得到一些启发，那么为了能够对它有更充分的认知，就必须进一步采用大规模试验，如有必要，我们还会对不同的部分进行研究。

现在，热源已经准备好了，我将给大家展示一下什么是汽化液。这只烧瓶里装有一些蜡，我现在要加热它，因为烛焰的内部是热的，烛芯周围的物质也是热的（法拉第把一些蜡放入玻璃烧瓶，然后架在灯上对其进行加热。译者注）。现在，温度已经够热了。请看，我放在烧瓶里的蜡已经变成了液态，而且大家还可以看到有一些烟从里面冒出来，汽化液很快就会冒出来了。

我将继续给蜡加热，这样就会有更多的汽化液冒出来，我才能把它倒在这只盆里点起来烧。这种气体跟我们从蜡烛火焰中心取得的气体完全相同。我们只要试一下就可以证实，去看一下从烛焰中心跑到这只玻璃烧杯中的气体是否真的可以燃烧起来。我只要划根火柴，往玻璃烧瓶里一点，看吧，里面的气体烧得多起劲儿呀！现在这些气体是从蜡烛火焰的中心部分跑出来的，是蜡烛自身燃烧的产物，也是我们在研究蜡烛燃烧的过程及变化时首先要了解的东西。

现在我要小心翼翼地往蜡烛火焰里放根玻璃管，只要在操作的时候稍微用心一些，就可以让这种气体通过管子从另一头冒出来，而我们可以在另一头将其点燃，这样我们就可以在远

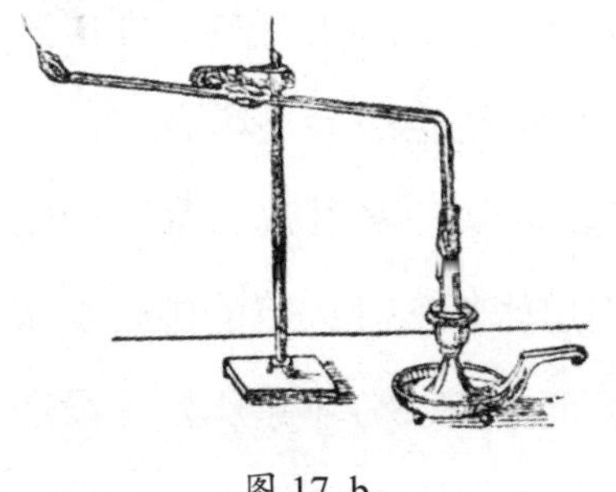
图 17 b

离蜡烛本身的地方燃起蜡烛的火焰（图17b）。看吧！这难道不是一个非常精彩的实验吗？平常我们都说装煤气，现在我们可以装蜡气了！从这个实验中我们可以清楚地看到两种不同的作用：一是气体的产生；二是气体的燃烧，它们都在蜡烛的不同部分各自进行着。

在蜡烛已经燃烧过的地方，这种气体就不存在了。如果我把玻璃管放到火焰的上部分，因为这些气体会被迅速烧掉，所以跑出来的东西不再具有可燃性。可是怎么烧的呢？其实是这样的：在火焰的中心，也就是烛芯，存在着可燃性的气体，而在火焰的外围则有蜡烛燃烧时必不可少的空气，这两者之间发生了剧烈的化学反应，空气和可燃性气体互相作用，与此同时我们就能看到内部气体燃烧时所产生的光。

如果我们检查一下蜡烛的热力在哪里，就会发现它的分布非常的巧妙。比如，我把一张纸放在我手中这支蜡烛的烛火上烤一下，那么蜡烛的热力到底在什么地方呢？大家难道没有看到吗？它并不在中心的部分，而是呈环形（图18），而且刚好就在我

图 18

所说到的发生化学反应的地方。只要没有太多的干扰，即使实验的步骤不那么规范，纸上被烤过的痕迹也总会是环形。

这有一个很好的实验，大家都可以在家里做。拿出一张纸，保持屋内的空气静止，然后将这张纸放在火焰的中心稍微烧一下，你就会发现只烧到两处，而中间部分不是压根儿没烧到，就是只烧了一点点。只要方法得当，像这样试上一两次之后，你就会兴趣盎然地看到热力的所在，其实就是空气和燃料接触的地方。

这一点对于我们继续讲解后面的内容极为重要。空气对于燃烧而言必不可少，此外，我还要特别强调一下必不可少的是“新鲜空气”，否则我们的论证和实验就难以自圆其说。这里有一瓶空气，我将它罩在一支蜡烛上（图19）。大家会看到，起初蜡烛会燃烧得非常好，这就证明我前面所说的确实是事实，但是马上就要发生变化。看吧，火焰被拖上去了，变得越来越黯淡，最后完全熄灭了。

图 19

可是火焰为什么会熄灭呢？这不仅仅是因为蜡烛的燃烧需要空气，现在的瓶子跟原来一样，依然装着一瓶子的空气，但燃烧真正需要的是纯净的新鲜空气。这个瓶子里依然盛满了空气，在蜡烛的燃烧作用下，其中的一部分并没有发生任何变化，而另一部分的性质则发生了改变。所以这瓶空气中已经没有了燃烧所必不可少的新鲜空气。

对于年轻的化学家们来说，我们必须把这些问题都集中起来进行研究，如果我们更加细致地去观察这种反应，就会发现一些论证的步骤非常有趣。比如我给大家看的这盏油灯，是一盏有着管状灯芯的老式油灯，最适合我们要做的实验。现在，为了能让它更像一支蜡烛，我要堵住它火焰中心的空气通道，这样它就有了烛芯，有了能沿着灯芯向上爬的灯油，还有了圆锥形的火焰。但它烧得并不旺，是因为部分空气被限制了。由于空气受到的限制使其只能流向火焰的四周，所以它燃烧得不旺。我也没有办法让外面更多的空气进到火焰中心，因为灯芯太粗了。

但是，如果我把这条通往火焰中心的通道开启，让空气能够畅通无阻地进入这盏精巧的管状灯芯的老油灯，你马上就能看到它大放异彩。而如果我把空气的通道堵住，大家看它怎么再冒烟！

为什么会这样呢？现在，这里有几个有趣的问题需要我们研究一下：一是蜡烛的燃烧问题，二是由于空气不足而导致的蜡烛熄灭的问题，以及我们刚刚碰到的，蜡烛燃烧不完全的问题。这个问题实在是太有意思了，我迫切地希望大家能够像对蜡烛的完全燃烧一样，对这个问题也能彻底地理解。

现在，我要生起一堆大火，因为我们需要尽可能大的实例。这里有一大团棉花，我们用它来做灯芯，放到松节油里泡一泡，跟蜡烛没有什么区别。如果我们的灯芯更大，那么燃烧时空气的供应就必须更加充足，否则燃烧就必然不够完全。看，这些在空气中源源不断升腾起来的黑色烟雾。为了避免让大家感到不适，我已经想办法把未能完全燃烧的部分弄走了。看看从火焰里冒出的这些黑烟，就因为无法得到充分的空气供应，看看它们的燃烧是多么的不充分。发生了什么？又为什么会有这样的情况发生？这说明在缺少了某些燃烧所必需的物质时，会相应地产生非常糟糕的后果。

我们再来看一下，当蜡烛在纯粹正常的空气环境下燃烧时，又会发生什么。前面，我曾给大家展示过一张纸，上面留有火焰灼烧后形成的环状痕迹，如果当时我把那张纸翻个面，就可以看到蜡烛燃烧后也同样会产生这种黑烟——碳或碳质。

但是，在我给你们展示之前，还有一点必须要先解释一下。一般而言，蜡烛的燃烧会以火焰的形式呈现，但是我们必须要弄清楚燃烧是不是总是以这样的形式出现，还有没有其他形式的燃烧现象。我们马上就会发现，其实还存在其他的燃烧形式，而且对我们来说还是极为重要的呢！对于青少年朋友来说，要具体说明这一点，最好的方法可能就是把鲜明的对比结果展示给大家。

这里有一点火药，大家都知道火药燃烧的时候会有火焰，而且我们可以理直气壮地称其为火焰。因为火药里含有碳和其他物质，这些物质被混合在一起燃烧就会产生火焰。另外，我这里还有一些铁粉，现在我打算将它们混合。我用一些灰泥将它们混合在一起。在进行这个实验之前，我要声明一下，我不希望你们之中有任何人因为觉得好玩，如法炮制从而给自己造成伤害。当然这些东西如果使用得当，再加上谨慎的操作，可以大有用场，但如果只是调皮捣蛋，那必然会后患无穷。

来吧，现在开始实验。先将一些火药放到一个木制容器的底部，然后再将铁粉倒进去混合起来。这样做的目的是要让火药把铁粉点燃，使它们能够在空气中燃烧起来。这样大家就能看到，燃烧时产生火焰的物质与燃烧时不产生火焰的物质之间的区别了。瞧，这就是它们的混合物，在我将它点燃之后，大家一定要仔细观察它燃烧的火焰，你会发现有两种不同的燃烧形态。一种是火药燃烧时会产生火焰，另一种是铁粉燃烧后被纷纷抛起。你可以看到这些铁粉在燃烧却看不到火焰，但它们自顾自地燃烧着。

现在，我用火把它点燃了，瞧吧，火药燃烧后产生了火焰，而这些铁粉则以另一种形式在燃烧。这两种燃烧形式的区别是多么地显而易见，而火焰的美丽之处，以及它为我们照明之用的实用性，也正是由于这样的差异导致的。我们之所以能够使用油、煤气或是蜡烛来照明，其适用性完全依赖的就是这种截然不同的燃烧形式。

火焰的燃烧非常奇妙，往往需要高度灵敏的判断力才能将燃烧的不同类型区别开来。比如这里有一种粉末，燃烧力特别强，正如大家所看到的那样，是由许多分散的小颗粒组成。这种粉末被称为石松粉①，它的每一个颗粒都可以产生一种气体并燃起火焰。然而，在用肉眼看它燃烧的时候，我们会以为只有一簇火焰。现在，我要把它们点燃，这样大家就能看到会有什么样的反应。

我们已经看到它燃烧后形成一片火光，显而易见是一个整体。但是，它燃烧时所发出的一连串声响却恰恰说明石松粉的燃烧既不连续也不规则。我们看到的舞台上的闪电就是利用这种粉末燃烧模仿出来的，效果逼真而生动。但这个例子跟我所谈的铁粉燃烧并不相同，所以我们现在还是回到铁粉的燃烧上来吧。

假设我们拿起一支蜡烛来观察一下肉眼看起来最明亮的部分，会发现里面有一些黑色的微粒。我们已经在火焰里看到好多次这些黑色微粒了，而现在我要用不同的方式让它们出现。我会拿这支蜡烛，把由于气流作用而形成的这些淌蜡清除干净，如果现在我将这根玻璃管正好插到这块火焰最亮的部分，不过要比第一次实验时放的位置要稍高一些，大家来看一下会发生什么。

大家能看到原来冒白色气体的地方，现在冒出来的是黑色

① 石松粉是一种由石松果制成的黄色粉末，通常用来制作焰火。

的气体，黑得简直像墨水一样。显然，它跟那些白色的气体大不一样，如果我们尝试用火去点燃它，就会发现这种黑色的气体非但不能燃烧，反而还把火给弄灭了（图20）。我以前说过，这些黑色的微粒就是蜡烛冒出的黑烟，它让我想起了“利用蜡烛在天花板上写字”的那个老故事。

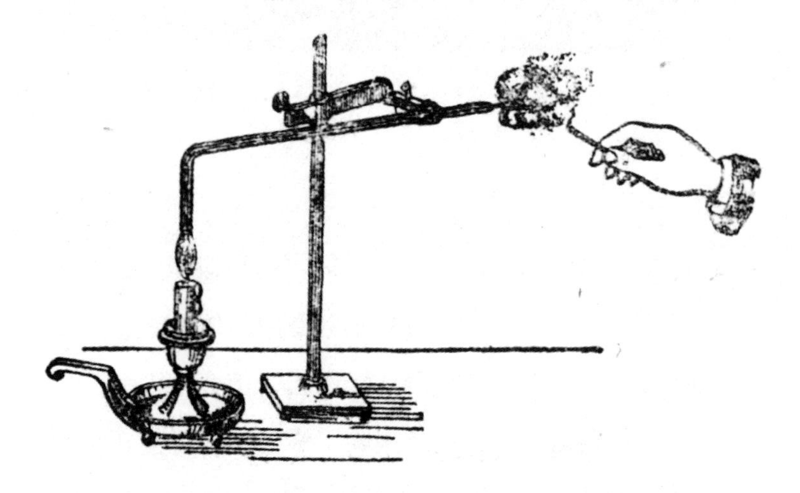

图 20

但这些黑色的物质究竟是什么呢？其实，跟蜡烛里的碳是一样的东西。可它是怎样从蜡烛里面跑出来的呢？显然，它的确藏身于蜡烛之中，否则我们也不可能在这里见到它。现在，且听我给大家慢慢地解释。大家一定难以想象，所有那些在伦敦漫天飞扬的物质，无论是黑色微粒还是黑烟都是火焰的美丽和生命力的体现。这些物质在火焰中的燃烧跟铁粉在火药焰火中燃烧是完全一样的。这里有一片火焰无法穿越的铁丝网，只要我把它朝火焰最亮的地方轻轻一盖，你马上就能看到火焰会立刻暗淡下去熄灭了，接着就会冒出一股烟来（图21）。

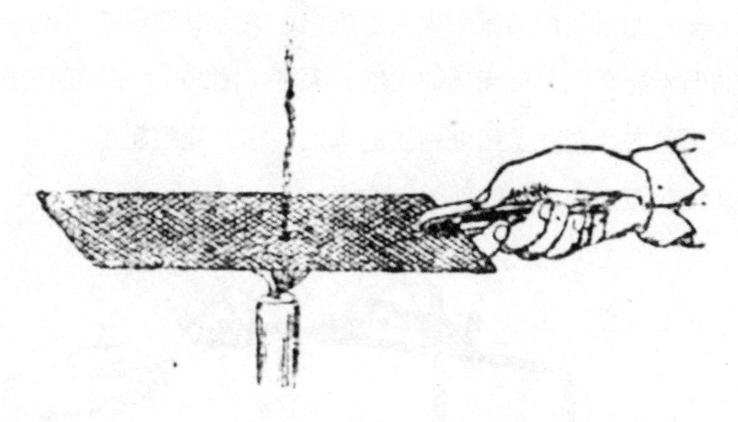

图 21

我希望大家能够记住这一点：只要是类似于火药中燃烧的铁粉那样的物质，也就是燃烧后不会变成气体而是变为液体或是依然保持其固体形态的东西，燃烧起来都会特别耀眼。为了能够给大家证实这一点，在这里除了蜡烛以外我还要给大家举三四个例子来进行说明。因为我所说的这点适用于所有的物质，无论这种物质是否可燃，只要它们在燃烧的时候依然保持固体形态，其亮度就会极强。至于蜡烛的火焰之所以能够光亮夺目也是因为其中含有这种固体微粒。

这儿有一根铂金丝，它在受热后不会熔化。如果我把它放在火焰里燃烧，会看到它发出的光亮异乎寻常地耀眼。现在我要把火光弄得暗淡一点，只让它发出一点儿光，然而尽管它给铂金丝的热量要远小于它自身的热量，大家却依然能够看到，铂金丝发出了很强的光亮。

没错，我用的这种火焰中含有碳，但是接下来我要改用一种不含碳的物质来进行试验。在这个容器中盛有一种物质，是一种气态燃料，也可称之为气体。无论我们怎么称呼它，总之它不含固态的微粒。我之所以选它，是因为它在燃烧的时候不会产生任何的固态物质。而现在如果我把这块固体物质放入其中与它一同燃烧，看吧，它产生的热力有多么的强，那块固体被烧得多么的亮眼。

现在，我要利用这根管子来输送这种名为氢的气体（下一次我们会全面地谈一谈氢的问题）。另外这里还有另一种称为氧的物质，氢可以在它的作用下燃烧起来。然而，氢氧混合物燃烧所产生的热量虽然远高于蜡烛燃烧[①]，但是其亮度却不强。可是如果我将一个固体物质放入氢氧混合物中，它立刻就会发出刺眼的高强度光亮。比如拿一块既不可燃又不汽化的石灰（因为石灰不会汽化而依然保持固体形态以及自身的热量），大家很快就会观察到火焰的亮度发生了显著变化。

在氧气的助力下，氢燃烧起来，产生高强度的热量，但是亮度却并不强。这并不是因为热量不够，而是由于缺少能够在燃烧中保持固体形态的微粒。但是当我把这块石灰放入其中之后，看看吧，这火焰是多么的明亮耀眼呀！这就是石灰发出的炫目的光亮，足以跟电灯媲美，几乎和阳光一样耀眼。

① 按照本森的计算，氢氧吹管的温度高达 8061℃，氢气在空气中燃烧温度可达 3259℃，而煤气在空气中燃烧的温度为 2350℃。

我这里还有一块炭，它可以燃烧，而且会以在蜡烛里燃烧那样相同的方式来燃烧，并带给我们光亮。蜡烛火焰发出的热量可以把蜡汽化，分离出碳的微粒，这些灼热的碳微粒往上升，就像我们现在看到的炭一样亮眼，然后跑到空气里。但是，这些微粒在燃烧之后，却不会以碳的形式离开蜡烛，它们飞入空气之中，化身为一种肉眼无法看见的物质。关于这一点，我们后面再细说。

想一想，像碳这样脏兮兮的东西居然可以在经历这样一场变化过程时变得如此的炽热而明亮，难道不是件美妙的事情吗？通过这些例子我们可以看出，所有明亮的火焰都包含这些固体的微粒，所有那些燃烧同时还能产生固体微粒的物质，无论它们是像蜡烛那样在燃烧的过程中产生，还是像火药与铁粉那样紧接在燃烧之后出现，都能给我们带来美丽灿烂的光芒。

我会再给大家举几个例子。这是一块磷，燃烧会发出明亮的光芒。既然如此，我们便可以马上得出结论：磷是可以产生固体的微粒。但固体微粒的产生到底是在燃烧的过程中还是燃烧之后呢？注意这里，这块磷已经被我点燃，现在我要用这个玻璃罩子把它罩住（图22），为的是

图 22

不让燃烧后产生的东西跑出来。大家看，这些烟是什么呢？这些烟就是磷燃烧时产生的固体微粒。这里还有另外两样东西，一个是氯酸钾，另一个是硫化锑。现在我把它们混合起来搅拌一下，这样我们就可以用多种不同的方式让它们的混合物燃烧起来。我可以把一滴硫酸滴到上面，这样就会发生化学反应导致它们立即燃烧起来①。

现在，大家通过观察到的现象，可以自行判断一下它们在燃烧时是否产生了固体物质。前面我已经给大家讲过该如何进行推理判断，所以到底有还是没有，你们完全可以分辨。因为除了固体微粒的逐渐消失之外，这种明亮的火焰还能意味着什么呢？

大家看火炉上有一只烧得很热的坩埚，我现在要往里面丢一些锌粉，而这些锌粉燃烧时发出的火焰跟火药很像。我之所以要做这个实验，是想让大家在家里也可以尝试一下。现在，我想要大家观察一下锌粉燃烧的结果。看，锌粉已经燃烧起来，可以说燃烧得如同蜡烛般美丽。但是这些烟又是什么呢？一小团一小团的，像毛团一样的东西，难道这就是古时候被称作“哲学羊毛”的东西？

等燃烧结束之后，坩埚里还会留下这些毛茸茸的东西。假

---

① 混合物在遇到硫酸后，其中的氯酸钾会分解为氧化氯、酸式硫酸钾和高氯酸钾。氧化氯会使可燃的硫化锑燃烧，于是其余所有物质也都立即燃烧起来。

如拿一块锌回家再做一次试验，以便于能够近距离地进行观察，其结果依然如此，不会有什么不同。瞧，这是一块锌，我把这块锌放到烛火上面烧一下。看吧，它马上燃烧起来并产生了一种白色的物质。如果我用氢燃烧时喷出的火焰来代替烛焰，并把锌放进去烧的话，大家会看到，只有在燃烧发生的同时还处于灼热状态的时候，它才会发出耀眼的光亮。如果把锌燃烧后产生的白色物质放入氢焰里，瞧吧，这光芒是多么的耀眼，之所以会如此，就是因为它是一种固体物质。

现在我要用一种我刚刚用的火焰，把碳的微粒从中释放出来。这是一些燃烧起来会冒烟的莰烯。如果我利用这根管子将这种黑烟微粒输送到氢焰里的话，在二次加热的作用下，它们会燃烧起来，变得非常耀眼。

看吧，这些碳质微粒被再次点燃，只要拿一张白纸放在它们后面衬一下，大家就可以很容易地看到，这些火焰中的碳质微粒在热力的作用下立即燃烧起来，发出耀眼的光亮。但是，在这些碳质微粒没有被分离出来之前，发出的火光并不太亮。跟蜡烛的火焰一样，煤气火焰中的碳质微粒只有在被分离出来以后，才能发出夺目的光亮。

不过，我可以马上改变这种情况。比如这儿的煤气火光烧得很亮，如果我加大它的空气供应量，让碳微粒在被分离出来之前就全部燃烧起来，那么火光就不会这么的明亮。我可以通过实验的方法展示给大家看：如果我取一个小铁丝罩放在煤气出口的地方，并在这里把冒出来的煤气点燃。因为煤气在燃烧起来之前混合了大量的空气，所以发出的光蓝幽幽的，并不明亮。但如果我把铁丝罩稍微抬高一点，大家就能看到这下面并没有燃烧。煤气中存在很多碳质，但是由于空气趁其还没有燃烧起来的时候，就跑来跟它混合起来，所以你看到的火焰呈现惨白幽蓝的样子。

但如果我朝烧得明亮的煤气火焰吹几下，让所有的碳质微粒在未能够充分受热发光的时候就燃烧殆尽，煤气的火焰就会变得蓝幽幽的。火焰之所以会变成这样而不再明亮，原因只有一个：在我吹动火焰以后，碳微粒在还没分离出来获得自由的时候就碰到了充足的空气，烧个精光了。也就是说，这样的差异完全就是由于固体微粒没有在煤气燃烧完之前被分离出来而造成的。

大家会观察到，蜡烛燃烧时会生成一些产物。这些产物中的一部分可以说是以碳或黑烟的形态出现，而这些碳质再经过燃烧后又会产生另一种物质。现在对我们而言，弄清这种物质到底是什么非常重要。我们已经向大家展示过了，燃烧的时候有些东西的确跑掉了，现在我想要大家知道的是，跑到空气中的东西到底有多少。为了能说明这一点，我得让燃烧的规模大一点。

请注意，这支蜡烛在向上冒着热气，但我们却看不清楚，只要做上两三个实验就可以让大家看到这股不断上升的热流。

但是为了能让大家对这些上升中的物质有一个数量上的概念，我会做另外一个实验，从而把这些燃烧的产物全部俘获收集起来。为了达到这个目的，我准备了一个男孩子们说的火气球，我用这个火气球只是作为一种测量我们所研究的燃烧结果的工具罢了。

现在，我要用一种简单方便的方式来点起火焰，以便于大家能够清楚地看到实验的过程。这个盘子就像是蜡烛形成的“烛杯”，盘子里的酒精相当于烛油，现在我要把这个烟囱罩在上面，这样待会燃烧的生成物就不会到处乱窜了。现在，我把盘子里的酒精点着，那么我们就可以在烟囱的顶部收集到燃烧的产物了。一般而言，我们从烟囱顶端所收集到的燃烧后的产物跟蜡烛燃烧后所得到的产物完全相同。但是我们在这里却看不到明亮的火焰，这是因为我们所用的燃料酒精中含有的碳质很少。

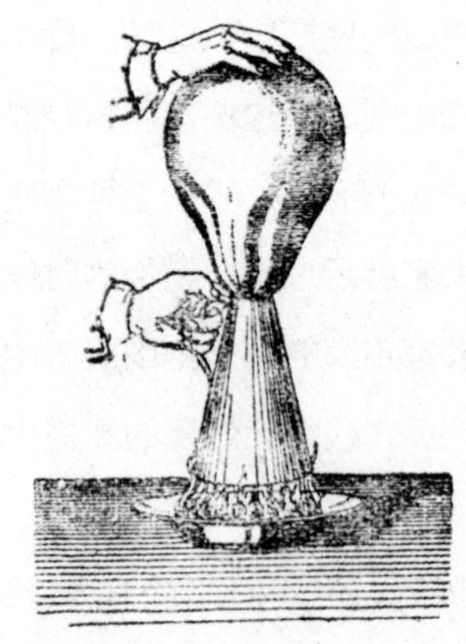

图 23

现在，我要把火气球放在烟囱的顶部，用它来收集燃烧后的产物（图23），但是我并不想让它飞上去，因为这可不是我这么做的目的，我做这个实验的目的就是给大家说明从烟囱顶部收集到的产物跟蜡烛燃烧所得的产物没有差别。大家请看，火气球一放到烟囱上面就变鼓了，急不可待地想要飞起来，但是我们不能让它飞起来，因为它飞起来以后可能会碰到上面那些煤气灯，那事情可就麻烦了（会场上面的煤气灯在报告者的要求下被熄灭，火气球也飞了上去）。大家看到没有，放上去的那可是个大家伙呢！

现在，我们再回到蜡烛的问题上。我把这根玻璃管罩在蜡烛上，那么蜡烛燃烧的所有生成物都会通过这根玻璃管。看吧，玻璃管马上就变得不再清晰透明。如果我再拿一支蜡烛，将其放在玻璃瓶里，然后在另一边再点着一支，这样就可以把变化过程观察得很清楚。请看，玻璃瓶里变得雾蒙蒙的，火光也开始暗淡下来。

现在大家知道了，让火焰变得暗淡下来的正是这些燃烧的产物，也正是这些东西让玻璃瓶看起来模糊不清了。如果大家回到家，可以拿一个放在冷空气里的勺子，把它放在蜡烛上，只要不让它被熏黑，它就会像这只玻璃瓶子一样被裹上一层雾蒙蒙的东西。要是你能找到一个银盘子之类的东西，这个实验的效果会更好。

现在，我要将大家的思绪引到下次讲座上去，在这儿我要提前跟大家说一下，之所以会出现这种雾蒙蒙现象，就是因为水的存在。当我们下次报告会再见的时候，我会让大家看到，我们可以毫不费力地让这种雾蒙蒙的东西恢复其原有的液体状态。

第三讲

生成物

蜡烛燃烧产生水，酒精灯、煤气灯燃烧也会产生水。这些产生的水跟江河湖海的水蒸馏后得到的蒸馏水没有区别。水是简单的永不变化的东西。用盐和碎冰的混合物把水冻成冰，水会扩张成体积较大的物体，甚至能把生铁铸成的瓶子撑爆。而水变成气体后，体积也会变大。本节还会讲到其他知识，我们不妨一起来读读吧。

我想大家应该还记得，上次讲座结束的时候，我们刚好提到蜡烛燃烧生成的“产物”这个词。因为在上次的报告会上我们已经发现，经过妥善的安排，蜡烛燃烧后可以产生许多不同的产物。然而，有一种物质在蜡烛正常燃烧的情况下是无法获得的，这种物质就是碳，也可以把它叫作烟。而另一种物质同样也会从火焰里冒出来，但并不是以烟的形式，而是以其他形式作为上升气流的一部分，从火焰中飞出，悄无声息地“溜之大吉”。

说到蜡烛燃烧的产物，除了前文提到的那些以外，还有其他的产物。大家还记得吧，上次做实验的时候，有一部分东西来自蜡烛的上升气流，在遇到冷的勺子或干净的玻璃之类的冷东西就会发生冷凝现象，而另外一部分则不会如此。

我们先来看看这部分出现冷凝现象的东西，对它进行一下分析。说来奇怪，这部分东西就是水，没有别的，只有水。上次，我顺带提起这一点的时候说过，水是由蜡烛可冷凝的部分生成的，但今天我要把大家的注意力拉到水的问题上，今天我们要把水好好地说一说，而且还要特别结合咱们的主题，同时也会讲到它普遍存在于地球的表面。

为了能把蜡烛燃烧产物中的水冷凝出来，我事先安排好了一个实验，接下来我就要让大家看看这些水的真面目。在我看来，为了能让这么多人同时看到水的存在，也许我能采用的最好办法莫过于去展示水的一种非常明显的作用，然后再用同样的办法去检测聚集在这个容器底部的这一滴东西，看它是否也会产生相同的作用。

我这里有一种化学物质，遇水会发生激烈的反应，我将用它来测试水的存在。现在，我取上一点儿这种物质，其实它名为钾，来自钾碱。如果我把这一小块钾放入盆里，大家就会看到它立马被点燃了，漂在水上面窜来窜去，燃烧得非常旺盛，这就说明盆里盛着的是水。大家看这个小碗里装着的是水和食盐，下面点着一支蜡烛。现在我要把蜡烛移开，看吧，蜡烛的冷凝物就会挂在小碗底部形成一滴水珠（图24）。

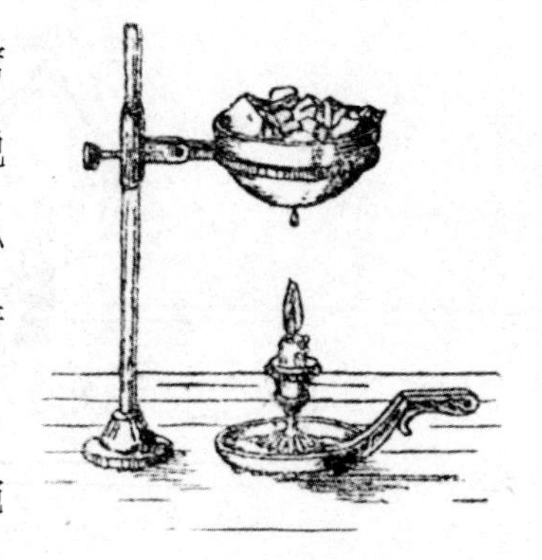

图 24

现在我就要展示给大家看，钾对这滴蜡烛燃烧产生的冷凝物的反应，跟刚才实验里它对盆里水的反应是完全相同的。快看！钾燃烧起来了，跟刚才在盆里燃烧时一模一样。假如我再另外取一滴水滴到玻璃板上，将钾放上之后，你会立即从它的燃烧情况判断出玻璃板上是否有水。而这水正是蜡烛燃烧的产物。

同样，如果我在这只玻璃盅下面放上一盏酒精灯（图25），用不了多久你就会发现它变得湿答答的，沾满一颗颗的小水珠，当然这些水珠就是燃烧的产物。可以肯定，大家马上就会通过掉落在下面这张纸上的水滴，发现酒精灯的燃烧会产生大量水分。我会让它一直燃烧下去，一会儿大家就能看看到底能收集到多少水。要是我在煤气灯的上方也随意放上那么一件冷的物件，就会发现煤气燃烧同样也会产生水。

图 25

请看，在这只瓶子里盛有一些水，是煤气灯燃烧生成的极为纯净的蒸馏水，这些水跟你们用江河湖海的水蒸馏后得到的蒸馏水没有任何的差别。水就是这么一种非常简单的永不变化的东西。在较短的时间里，我们可以想些办法在水里加上些什么东西，或者对它进行分离，从中提取出什么。但是水就其本身而言，无论它是固态、液态还是气态，都不会有任何的变化，依然是水。

大家请看，这只瓶子里还有一些水，而这些水则是油灯燃烧生成的。一品脱（0.5683升）的油在正常充分燃烧后，可以产生一品脱多的水。大家再看这里的水，是一支蜡烛在经过一次较长时间的实验后燃烧生成的。几乎所有的可燃物都可以用来进行这样的实验，只要它们能像蜡烛一样可以燃烧发出火焰就能产生水。

这样的实验大家可以自己进行尝试，火铲就是一种很好的实验工具，如果它在烛火上方保持冷却的时间足够长，就会有很多水滴凝出来。此外勺子、调羹或者任何其他干净又可以导热的东西，都可以用这种办法把燃烧过程中生成的水凝结起来。

为了进一步探究从可燃物中产生水的奇妙过程，首先我必须要告诉大家，水可以在各种不同的条件下存在。尽管大家现在对水的各种形态已经非常熟悉，但我认为依然有必要稍作解说，这样我们就能非常清楚地知道，无论是蜡烛燃烧产生的水，还是江河或海洋里的水，尽管它的形态千变万化，但其本质上却并无区别，依然是水。

首先我要跟大家说，当水处于极冷状态下就是冰。现在我们作为科学工作者，我毫不客气地把大家和我都当作科学工作者，我们所说的水就是水，无论它们是固态、液态或者是气态，从化学角度来看它们的性质都是一样的——是水。水是由两种物质组成的化合物，其中一种我们已经从蜡烛的燃烧中获得，另一种我们得在别处去找。水可以成为冰，如果天气比较冷，我们有很多机会看到这样的水。然而随着温度的升高，冰又会变回水的样子，待温度升至一定高度时，水又会以蒸气的姿态出现。现在摆在我们面前的水是它密度最大的状态[①]。

尽管水的重力、形态和许多其他的性质会发生一些变化，但水依然还是水，无论是用冷却法让它结成冰，还是通过加热法把它化为蒸气，它的体积都会膨胀变大。水结成冰变得坚硬牢固，而化为蒸气则变得庞大而奇妙。例如，现在我要往这个锡筒里倒入水了，大家应该可以轻易地估摸出我倒入的水有多少，这些水大概有5厘米高。现在我要把这些水转化成为蒸气，目的就是让大家能够看到水化为蒸气后体积会有多大的变化。

现在我们利用锡筒在火上加热的这段时间，来谈谈水结成

① 水在4℃的时候呈现的密度最高。

冰的问题。我们可以用盐和碎冰的混合物[①]把水冻成冰，这样做为的就是让大家看到，在发生这样的变化时，水会扩张成为一种体积较大的物体。这些瓶子都是由非常坚固的生铁铸成，非常坚固，还很厚，厚度能达到1/12厘米。这些罐子里都装满了水，装的时候都很小心地把瓶里的空气排了出来，而且还把盖子拧得紧紧的。

在我们将这些铁罐子里的水冻成冰以后，我们会看到铁罐根本无法再盛下这些冰，冰会在里面不断地膨胀，最后把它们撑爆。瞧，就像桌上这些碎铁片一样，这些都是同样的铁罐破裂后的残片。待会儿我还要将两只这样的罐子放进盐和碎冰的混合物里，这样大家就能够亲眼看见，水在结成冰时，体积会发生怎样奇妙的变化。

现在请大家看一下我们刚刚加热的那些水发生了怎样的变化，它们逐渐不再保持原有的液体状态了。现在我要在这只玻璃瓶的瓶口盖上一块表面玻璃，而瓶子里的水正在沸腾。大家看到发生什么了吗？瓶口的小玻璃盖就像阀门发出的声音“啪嗒、啪嗒”响个不停，这是因为从沸水中冒出的水蒸气不断地往上冒，想往外跑，顶得玻璃盖上上下下不停地“啪嗒”作响。

大家可以清楚地看到玻璃瓶里充满了水蒸气，否则它们不可能玩命地往外冲。看吧，现在玻璃瓶里水蒸气的体积比水要

---

① 盐和碎冰的混合物能将温度降低到 –17 ~ 10℃，同时，冰也变成了液态。

大得多，它一面拼命往外跑，一面又一次次地充满整个瓶子。但是瓶子里水的体积变化并不大，这说明水在转化为蒸气后体积变得极为巨大。

现在我已经将装有水的铁罐放进冰冻的混合物里，我们一起来看看到底会发生什么变化。大家看，在铁罐里的水和外面容器里的冰之间并没有发生任何联系，然而它们之间进行着热传递。如果我们的实验进行得顺利，用不了多久，在铁罐及其所含物冷却到一定的程度后，这只或者那只铁罐就会爆裂，我们马上就会听到“啪”的一声巨响。当我们去检查罐子的时候，会看到里面都是大块大块的冰。因为冰比水的体积要大得多，所以水在变成冰以后，铁罐就显得太小了，容不下这么多的冰，就被胀破了。

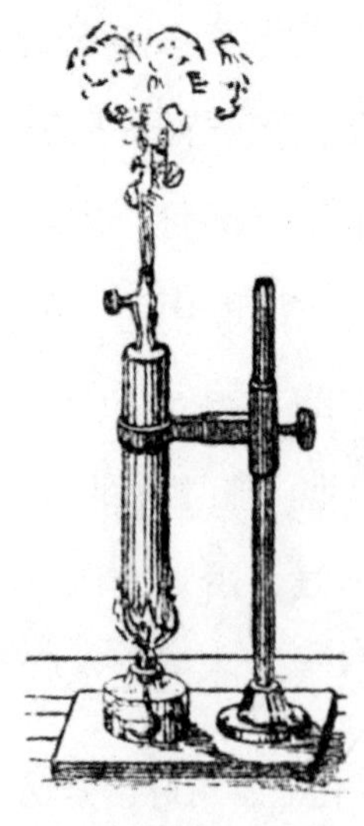

图 26

大家都很清楚，冰会浮在水面上。要是有哪个男孩从冰窟窿里落入水中，他一定会想办法爬到冰上，借助冰把自己浮上来。但是，为什么冰会浮在水上面呢？大家仔细思考一下其中的道理。不难发现原因其实很简单，冰的体积比生成它的水大得多，因此冰会比水更轻一些，而水则会更重。

现在我们回过头来，再看看热力对水的作用。瞧瞧，这锡筒上冒的一股股热气！（图26）看吧，要不是这个锡筒里已经充满了蒸气，它不可能有这么多热气冒出来。既然我们可以通过加热的方式把水转化为蒸气，那么我们也可以通过冷却法把蒸气还原成液态水。如果我们拿一只玻璃杯或者任何一样冷的物件，将它置于蒸气之上。瞧，它立马变得湿漉漉的，蒙上了一层水雾。这种冷凝作用将一直持续下去，直到玻璃杯变热为止。看吧，在冷凝作用下产生的水，现在已经开始顺着杯子往下流了。

现在我要给大家做另外一个实验，来展示冷凝作用是如何将水从气态变为液态的。就像蜡烛燃烧时产生的气体，冷凝在小碗底部恢复成水的状态一样。为了能够让大家真实而又全面地看到这些变化，我要把这只充满蒸气的锡筒紧紧地盖住。为了能让里面的蒸气恢复成原来的液态，我们会往它身上浇冷水（图27），大家来看会发生什么，筒身立刻瘪了下去。大家看到了吧！如果把盖子盖紧，继续加热的话，锡筒就会被胀破。在水蒸气还原成水的时候，蒸气在冷凝作用下使锡筒内部出现了真空现象，所以锡筒就变瘪了。通过做这些实验，我无非就是要向大家展示，无论

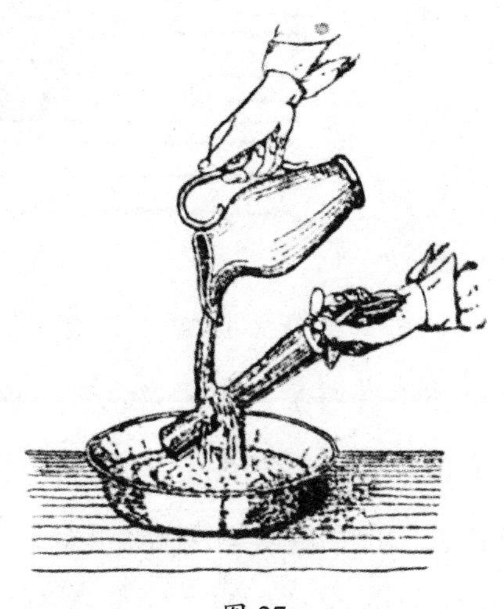

图 27

上面发生的哪种变化，都没能让水的性质发生任何变化，水依然是水。所以锡筒只好做出让步，浇冷水的时候朝里瘪，继续加热的时候往外鼓。

大家有没有想过当水转化为蒸气后，它的体积究竟会有多大。大家看这两个立方体，一个是1立方米，一个是1立方厘米（图28），1立方厘米的水足以膨胀为1立方米大小的蒸气。反过来通过冷却法也可以将1立方米的蒸气还原成1立方厘米的水。（此时，一个铁罐胀爆了。）快来瞧！我们有一个铁罐胀裂了，看这里裂了一道1/8厘米宽的口子。（说到这里，另外一个铁罐也啪地一声爆裂开来，弄得冰和盐的混合物四处飞溅。）

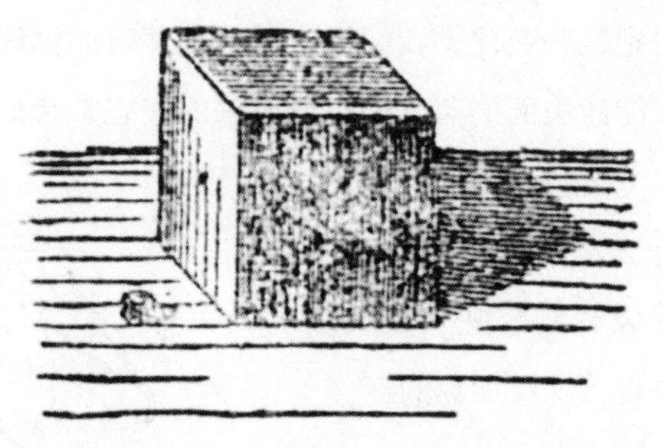

图 28

另一个铁罐也爆了，尽管这些罐子有1/3厘米厚，却还是被冰给撑爆了。水经常会发生这样的变化，而且并不总是需要借助人力才能实现。我们在这里用了一些有助于水冻结的混合物，为的就是要在铁罐的周围营造一个小冬天的环境，来替代漫长的严冬。但是到了加拿大，或是英国的北部，你就会发现那里的室外温度能够跟冰盐混合物一样，发挥出相同的作用。

懂得了这些道理，以后无论水发生什么样的变化，都休想骗得了我们。不管水从哪里来，大海也好，蜡烛燃烧凝结而来也罢，到处都是一样的。但是，蜡烛燃烧生成的水到底是打哪儿来的呢？

要回答这个问题，我得先预备一下，然后再跟大家详谈。显然，蜡烛燃烧生成的水就来自蜡烛，但是这些水是不是事先已经在蜡烛里了呢？实际上，并不是这样的。这些水并不是事先已经储存在蜡烛之中，也没有躲在蜡烛燃烧所必需的四周的空气之中。其实，它既不在蜡烛里也不在空气中，而是产生于这两者相互反应的过程之中，它的一部分来自蜡烛，而另一部分来自空气。这就是我们要继续探索的问题，这样我们才能完全明白，桌子上点着的蜡烛到底经历了怎样的化学变化。

可我们要怎样才能弄清楚呢？就我本人而言，我可有好多办法，但是，我想要大家从对我所谈过的一些原理的理解中，来弄懂这个问题。

我想大家可以这样来看出一些端倪。刚才，我们已经看到了一种物质，能够对水产生反应，就像汉弗莱·戴维爵士曾给我们展示的那样[①]。现在，我要在这个盘子里再做一次这个实

---

① 钾，即钾碱的金属基质，在 1807 年由汉弗莱·戴维爵士发现。他利用强力的伏打电源成功地将钾从钾碱中分离出来。钾的亲氧性使其能够将水分解产生氢，而产生的热量会让其燃烧起来。

验，让大家回味一下。我们必须要小心翼翼地处理钾这种物质，大家都知道，只要我在上面溅一点水，沾上水的那块地方会立刻燃烧起来，要是空气再供应充足，它立马会整个烧起来。这个东西其实是一种金属，一种非常美丽明亮的金属，在空气中会迅速发生反应，而且正如我们所知的那样，遇水也是同样的情况。现在我要把一块这种金属放在水面上，看吧，它燃烧得多么美，宛如一盏浮灯。

如果我再取一些铁粉或是铁屑，放到水里，它们同样也会发生反应。但是它们不会像金属钾反应得那么剧烈，可是经历的却是多少有些相同的变化。铁屑生锈了，与水发生了反应，尽管这种反应远不及那些美丽的金属钾来得强烈，但是一般而言两者在水里产生的反应确实差不多。我希望大家能牢牢记住这些，把它们联系起来进行思考。

我这里还有一种金属——锌。当我们去研究它燃烧后生成的固体物质的时候，就有机会看到它燃烧的情况，而且如果取一小段锌条放在烛火上，大家能够看到它燃烧的强度刚好在那两者之间，既不会像钾在水面上反应得那么剧烈，也不会像铁屑在水里反应那样微弱。现在，锌条已经烧完了，剩下的是一点儿灰，或者说是残渣，而且我们发现这种金属也会对水产生一定的作用。

我们已经逐渐了解如何掌控这些不同物质的不同作用，从而让它们告诉我们那些我们想知道的东西。现在，首先我要用到的是铁。我们会在化学反应中发现一种常见现象，那就是热在化学反应中能起到促进作用。如果我们想要详尽研究一种物体对另一种物体的作用，往往需要热的助力。我相信你一定注意到了铁粉可以在空气中绚丽地燃烧。但是我现在要给大家展示这个实验，因为它可以让大家深刻理解我将要讲的铁对于水的作用。

如果我点燃一支蜡烛，并想办法让其中心部分能有空气流通，然后再将铁粉撒在火焰上，大家会看到铁粉燃烧得非常旺盛。这种燃烧是铁粉着火后发生的化学反应的结果。我们会继续用这种方法来研究这些不同的反应，从而弄清楚铁与水接触后会发生什么样的化学变化。铁就是这样美妙地将自己的故事按部就班地向我们娓娓道来，足以让大家兴味盎然。

瞧，这有一个炉子，中间横穿了一根酷似枪筒的铁管，（图29）我在这根铁管里装满了亮晶晶的铁屑，我要把它横架在炉火上烧得火热通红。我们这样做，不但使空气可以穿过铁管接触到铁屑，管子这头小锅炉里的蒸气也可以被送入铁管里面。

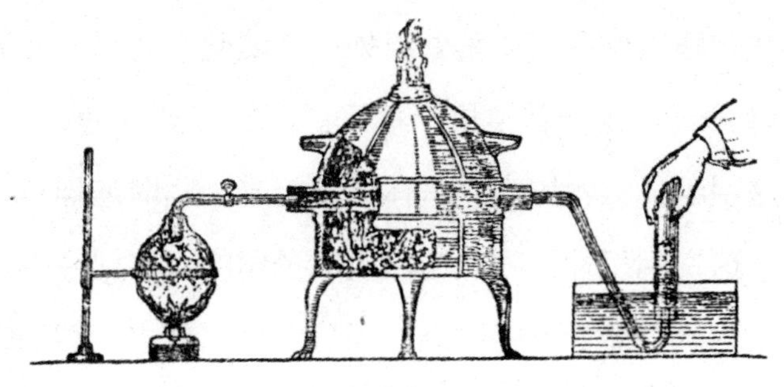

图 29

在小锅炉和铁管相接的地方有一个塞子，我们可以按照自己的意愿来控制塞子的闭合，进而控制蒸气流入铁管的通道。这边的几个玻璃罐子里有一些水，我已经把它们染成了蓝色，这样大家就能一目了然地看清发生的一切。

现在大家已经非常清楚，如果让蒸气通过铁管跑到水里，就会发生冷凝现象，因为正如大家已经看到过的那样，蒸气遇冷后无法继续保持气体状态。瞧，这支锡筒就是在冷凝作用下，体积缩小才变得这么扁。所以，假如这个铁筒是冷的，在我将蒸气送入其中后，蒸气就会冷凝。可现在我却要用已经加热得又红又烫的铁管来为大家做这个实验。我会把一小股一小股的蒸气送入铁管，当它们从另一端冒出来以后，请大家自己去判断是否还是和原来一模一样的蒸气。

我们都知道蒸气可以冷凝为水，所以在将蒸气的温度降低后，它会还原为液态的水。但是，大家请看瓶子里的这些气体，它们先穿过铁管又钻到水里后经历了整个降温过程，但却依然保持气态没能恢复原状变成水。

现在我要用这些气体再做另外一个实验。为了不让瓶子里的气体跑掉，我得倒着拿这个瓶子。现在我要在瓶口处点火，看吧，这说明什么？里面的气体燃烧起来，同时还伴有轻微的爆炸声。这说明了什么呢？这说明瓶子里的气体已经不再是蒸气了。因为蒸气非但不能燃烧，而且还可以灭火，然而大家眼睁睁看到的是，我用瓶子收集到的气体却燃烧起来。这种物质可以从蜡烛燃烧产生的水中分解出来，也同样可以从任何来源的水中分解获得。

当我们利用铁屑从水蒸气中获取这种气体之后，铁屑会呈现出燃烧状的红色，而且它的重量也比实验前增加了。但如果只是将管子里的铁屑单独加热、冷却，而不让其与蒸气或者水接触，那么它的重量就不会有任何变化。但是在这些蒸气从中流过之后，就会变得比原来更重了，因为当它从蒸气那里截留了某种物质之后，将剩下的另外一些物质放行了。瞧，就是我们所得到的这些气体。

现在，既然我们又装满一瓶这样的气体，我来给大家看点更有意思的东西。这是一种可燃气体，我当然可以马上将其点燃，给大家展示它的可燃性，但是我不打算这么做，我要尽可能地让大家看到更多的东西。科学研究的成果告诉我们，这种气体是一种非常轻的物质。蒸气会冷凝，但是这种气体在空气中非但不会冷凝，还会向上飞升。

如果我另外拿一只玻璃瓶，里面除了空气以外别无他物，这只需取一支点燃的蜡烛放进去试一下就能证明。然后把刚才说的那只装着从实验中取得的可燃性气体的玻璃瓶当作一种分量很轻的东西来对待，给它来个大翻身，口朝下，底朝上（图30），同时再把这只空玻

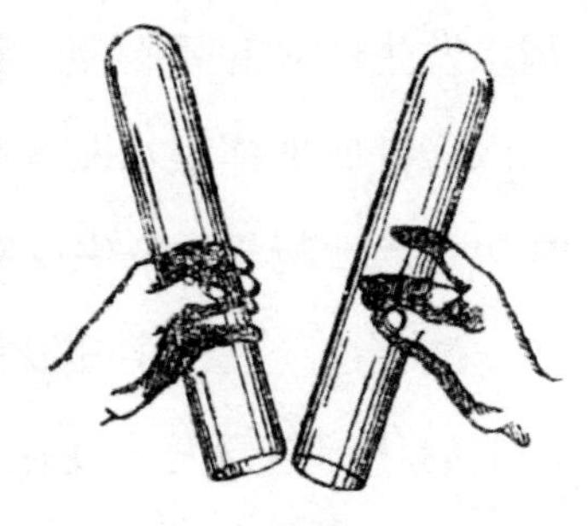

图 30

璃瓶也倒过来，将一个置于另一个之上。那么，装有从蒸气中获得的气体的瓶子里面，现在装的又是什么呢？大家会发现，如今里面只剩下空气了。看吧，可燃性气体在这里，我已经把它们倒入另一只玻璃瓶了。它依然保持其原有的性质、状态和独立性，同时由于它也是蜡烛燃烧的产物，所以更值得我们来研究。

我们刚刚从铁屑与水蒸气的相互作用中取得的这种物质，同样也可以从另外一些我们已经见过的能够对水产生很大作用的东西中获得。比如我们取一块钾，在经过相应的化学反应后，也可以得到这种气体。

如果我们取一块锌来作为替代品，经过仔细地观察后不难发现，锌之所以不能像其他金属那样与水持续地发生反应，是锌在与水发生反应后会在表面形成一层保护壳的缘故。因此，我们知道，如果我们只是将水和锌一起放在容器里，它们本身便不会发生太大的反应，也闹不出什么名堂。但是，如果我加上一点点酸，溶解掉锌外面形成的这层保护壳，也就是妨碍它与水发生反应的障碍物。看吧，就在我这么做的时候，锌已经可以像铁屑那样跟水发生反应了，但是不同的是：铁屑需要在加热之后才能与水发生反应，而锌则可以在常温下进行。

酸在这一过程中并没有发生丝毫的改变，除非它和产生出来的氧化锌结合发生变化。现在我已经将酸倒进玻璃杯里了，此刻玻璃杯里的水就像被加热烧开了一样，不停地翻滚。同时，有些东西正大量地冒出来，但这东西并不是蒸气。看吧，这只瓶子里已经装满了这种气体，如果我把这个瓶子倒过来，大家就会发现，现在这只瓶子里装的这种气体，其实就是刚才用铁管做实验时所得到的那种可燃性气体。这是我们从水里分解出来的，蜡烛当中也含有这样的物质。

现在让我们来明确一下这两者之间的联系。这种可燃性的气体就是氢，是一种在化学上被称为元素的物质，之所以被称为元素，是因为我们无法再从它们身上分解出其他的东西。但蜡烛不是一种元素，因为我们可以从蜡烛身上提取出碳，而且还能从它燃烧时产生的水中获得氢元素。人们将这种气体称为氢气，是因为这种元素可以与另外一种元素化合形成水[1]。

我的助手已经收集到两三瓶这样的气体，我打算用它们做几个不同的实验，来给大家展示一下用氢来做实验时最稳妥的方法。我并不担心把这几个实验做给大家看，因为我希望大家也能去做一做，只要你够小心谨慎，并且得到周围人的许可就行。随着我们在化学研究上的不断深入，我们还得跟一些相当危险的东西打交道，比如我们会用到的酸、热，或是可燃物等，要是使用不当或是粗心大意很可能会酿成事故，所以大家必须特别小心。

如果你想要制取一些氢气，只需要一些锌，再加上硫酸或

① 氢的希腊文原名，也可解释为水。

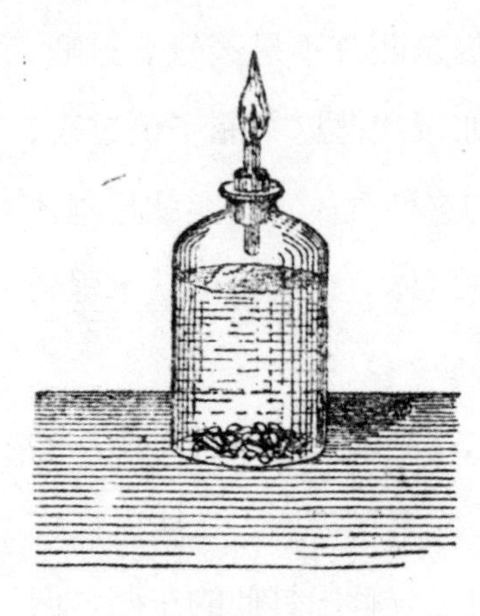
图 31

者是盐酸就可以取得，很是方便。大家看这个东西，以前人们将其称为“思想家之烛”（图31）。其实就是一只装有软木塞并在塞子当中插了一根小管子的小玻璃瓶。现在我要在里面放入几小块锌，好把这个小装置展示给大家，只要你们愿意的话，自己在家里也可以制造氢气或是用来做一些实验。

在这里我还要告诉大家为什么我在向这个小瓶子里装实验材料的时候那么小心翼翼，而且还不能把它装到很满。我之所以这样做，是因为我们已经见识过即将从瓶子里制出的气体具有极强的可燃性，而且一旦混入空气还会引起爆炸。如果不提前把瓶子中水面之上的空气全部排干净，在管子一头点火的时候就有可能造成损伤事故。

现在我要向里面倒入硫酸了。为了能让反应持续进行一段时间，我只用了一点点锌，而水和硫酸则放得比较多。为了能让它们有条不紊地进行反应，既不会太快也不会太慢，我精心调配了各成分之间的比例。假如我现在取一个玻璃杯，将它倒置在管子的上方，由于氢气比较轻，它会在玻璃杯里停留一会儿。现在我们就来检测一下，看看玻璃杯里到底有没有氢气。我敢保证里面一定有一些氢气了，瞧吧，用火一点就着了。要是在管子口点火，那么从管子里冒出来的氢气也会燃烧起来。这就是我们所说的“思想家之烛”。

你可能会说这种烛火的火光太微弱了，但它却非常炙热，一般的火焰根本无法达到这么高的热度。它还会继续稳定地燃烧下去，为了能研究它的燃烧结果，并把所得的知识加以实际运用，现在我要把它搬到这套设备下面进行燃烧。正如我们所知道的，蜡烛燃烧可以产生水，而氢气又从水中来。那么，现在让我们来观察一下，在经历了与蜡烛在空气中燃烧的相同过程后，氢又能为我们制造出什么东西。为此我才把它搬到这套设备下面，以便于让燃烧后产生的物质在里面冷凝（图32）。用不了多久，大家就会看到圆筒里面变得湿漉漉的，水还会顺着筒壁淌下来。由氢气燃烧所产生的水，能在我们所做过的实验中发挥同样的作用，而且它产生的过程也跟前面所谈到的大致相同。

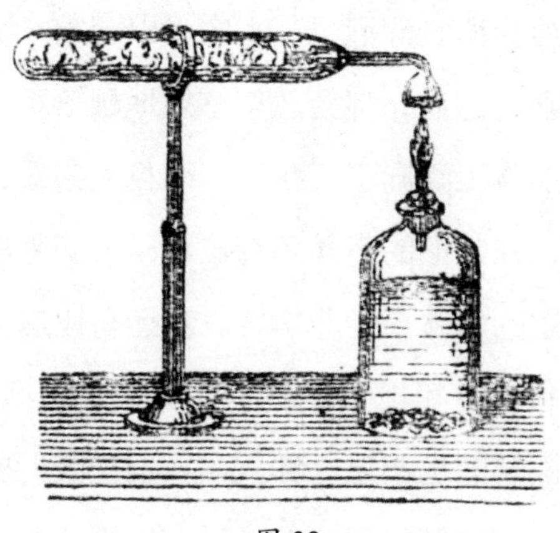

图 32

氢是一种非常有趣的物质，它远比大气要轻得多，以至于可以拉动其他的东西一起升高。这一点我可以通过实验来给大家证明，而且我敢说，只要大家看得够仔细，你们当中肯定有不少人可以自己完成这个实验。这是氢气发生器，而这是肥皂水（图33）。

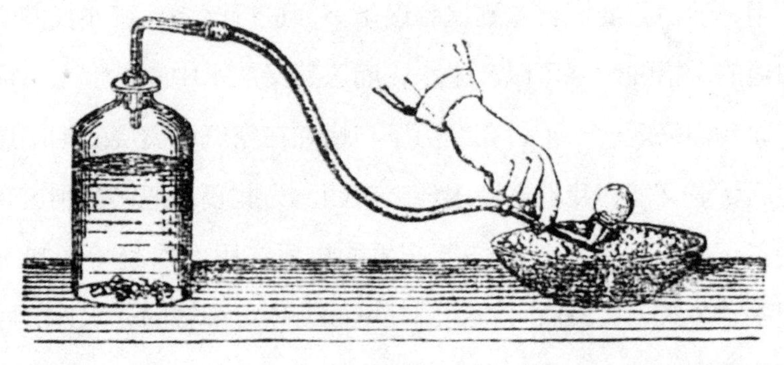

图 33

我在一根橡皮管的一头插了支烟斗，再将它跟氢气发生器连接起来，然后把橡皮管与烟斗连接的一头放进肥皂水里，这样就能让氢气给我们吹泡泡了。大家可以观察一下，我用自己的嘴吹出来的肥皂泡泡，都会忽忽悠悠地飘落下来。而氢气吹出的泡泡则扶摇直上飘向了天花板。而且大家看，飞上去的肥皂泡可不普通，在它们的下面还耷拉着一大滴肥皂水呢，这充分说明肥皂泡里的气体一定非常轻。我还有比这更好的办法来说明这种气体很轻，可以让比肥皂泡更大的泡泡飞升。其实，以前的气球里面装的也都是这种气体。现在我们要把这根管子接在发生器上，这样氢气就可以通过这根管子源源不断地输送出来，给这只火棉胶气球打气。我甚至都不需要将气球里残留的空气彻底排出去，就这么随随便便地充好气扎紧就可以了，因为我知道这种气体有足够的力量带着它往上飞。大家请看，只要我一松手，它马上就会飘到上面去了。这里还有另外一只更大的气球，是由一种薄膜制成的，我们也给它灌上氢气，让它放飞一下自我。大家看，只要这些气体不从气球里面溜走，这些气球就能一直在空中东飘西荡。

那么水和氢的相对重量又是多少呢？这里有一张表，可以从这上面看出它们的比例关系，在表中数字分别是用立方分米和立方米来进行计算的。请看，1立方分米氢重0.084克，1立方米氢重84克；而1立方分米水则重1000克，1立方米的水几乎重达1吨。看吧，1立方米的水和1立方米的氢，两者之间的重量差距是多么的巨大啊！

氢无论是在燃烧的过程中，或是在燃烧后，都不会有任何固体物质产生。氢燃烧后只会产生水。如果我们取一只冷的玻璃杯，罩在氢焰之上，它立刻就会起雾，然后滴下好多水来。作为氢气燃烧的唯一产物，这些水和蜡烛燃烧出来的水完全相同。请大家一定要牢记这一点，氢是自然界唯一一种燃烧时只产生水的物质。

为了能进一步了解水的一般性质和构成，我不得不请大家再多坐一会儿，再给大家做一个实验，以便更好地为下次讲座做好准备。通过前面的实验大家可以看到，在酸的帮助下，我们有办法让锌按照我们的需要与水发生反应。在我的身后放着一个电池组，现在我想利用报告会最后的一点时间来给大家说明一下这种电池组的性能和力量。这样大家就能清楚，在下次的讲座上，我们得跟什么东西打交道。我手里拿着的是电池组上两根电线的两头，电池组就是利用这两根电线来传导电力的，而我要让它们与水发生作用。

前面我们已经见识过钾、锌和铁屑燃烧时的威力，但是它们都无法释放出如电能一般的能量。大家看，在我将电池的两根线头搭在一起之后，它立刻迸发出耀眼的火花。实际上要想迸发出这样的火花，需要很大的能量，要比锌燃烧时产生的能量大上40倍才行。虽然我可以通过这两根电线将这股能量随意地在手上拿来拿去。但是如果我稍有不慎，让它跑到了我的身上，它能立马要了我的命。因为它所释放出的能量强度非常高，相当于几次雷暴释放的能量。这是一股多么强大的力量呀！这东西的力道太猛烈了，我看要是用来烧这把铁锉，也是没有任何问题的。这是一种化学力，当我们下一次再会面的时候，我会让这种化学力在水里“大显身手”，让大家瞧瞧它能起什么作用。

第四讲

蜡烛中的氢

轻松导读

你知道吗？除了空气中含有氧气，水也可以分解出氧气。本章讲述了如何从水中分解出氧气的实验过程。氧气不可燃烧，可它却能使其他物体燃烧得更旺盛、更充分。像氢、碳、蜡烛甚至铁，只要能在空气中燃烧，放在氧气中会燃烧得更剧烈。除了分解水获得氧气，本章还说到了一种获得氧气的方法，我们来看看吧。

看来大家对于蜡烛还没有觉得厌烦，否则这个主题说到现在，大家一定会感到索然无味了。我们已经发现，在蜡烛燃烧时产生的水与我们身边的水完全一样，没有任何区别。通过对水的进一步分析和研究，我们又从中发现了这种有意思的物质——氢。

瞧，这只瓶子里就盛放了一些这种轻飘飘的东西。后来我们又见识到氢燃烧的力量，并亲眼见证它燃烧后生成了水。而且，我还给大家介绍了一种装置，并且将其简单地介绍为一种化学力，或者称之为化学能。通过这两根电线的传导，可以用来对水进行分解，从而来确定水里除了氢以外到底还有什么东西。大家应该还记得吧，上次我们让水通过铁管后，虽然得到了大量的气体，却无法再让化为蒸气的水恢复它原来的重量。

现在我们就来看一看，这里出现的另外一种东西到底是什么？为了能说明这种装置的性能和用途，我们要用它来做一两次实验。我们先拿几样大家很熟悉的物质放在一起，看看这种装置能对它们发生什么作用。取少量的铜（请注意观察它所呈现的各种不同变化），再取一点硝酸倒在上面，大家立刻可以看出硝酸是一种强烈的化学物质，能对铜产生剧烈的化学反应。

看吧，这两种物质接触后，立刻冒出一股美丽的红色蒸气，鉴于这种蒸气对我们而言毫无用处，所以我们把它放在烟囱边上待一会儿，这样我们的实验才能顺利地进行下去。我放到瓶子里的铜会溶解掉，并将硝酸和水转化成一种含有铜和某些其他物质的蓝色溶液，等到那个时候，我会给大家展示电池组会对它产生怎样的作用。

而与此同时，我们还要安排另一个实验来给大家展示电池组有多么强大的力量。这里有一种看起来很像水的物质，也就是说，我们并不清楚它所包含的某些成分，就好像水里有一种物质，我们讲到现在也还没弄清楚一样。这是一种盐的溶液，现在我要把它涂在纸上，然后让电池组与它接触，再来观察会发生什么变化。请注意，会有三四种对我们而言非常重要并可加以利用的情况发生。

我将这张涂有盐溶液的湿纸铺在一片锡箔上，这样它就能始终保持平整，而且也更便于一会儿进行通电。大家看到盐溶液在接触到纸或者是锡箔的时候，并没有受到任何影响，而且其他任何与其接触的东西也没有对它产生任何的作用。因此把它用在我们的电力装置上应该毫无问题。

首先我们来检查一下我们的电力装置是否一切正常，看看这两根电线的情况，是否还像上次一样。这一点我们马上就能知道。现在我把两根电线接起来，但却没有通电，原来是电极没有接好，电路中断了。现在我来把它接好，大家看，电线头上立刻迸出了火花，这说明一切已经就绪。但是在实验开始之前，我还得将电池组的电源切断一下，然后用一根铂金丝将这两根电线连接起来，如果这根铂金丝在通电的时候能够烧得通红，那么我们的实验就很稳了，不会出现任何问题。

看吧，铂金丝一接好就立马烧得通红，这说明它的导电性非常好，电流可以非常顺畅地通过，我故意把这根铂金丝弄得细一点，为的就是让大家看到这股力量是多么的强大。现在一切就绪，我们可以利用这股电力来对水进行研究了。

我这里有两块铂金片，如果我将它们放在纸上，也就是那张贴在锡箔上的涂有盐溶液的湿纸上，大家不会看到任何变化。但如果再把铂金片拿开，其他一切还是老样子，依然看不出有任何变化。如果我将这两根电线分别与铂金片接触，依然毫无作用，没有任何反应。现在请大家看好了，我要让两根电线同时与铂金片接触。瞧，每根线头下面都出现了一个褐色的斑点。请注意发生的这种反应，看它是怎样从白色的物质中提取出这种褐色东西的。毫无疑问，只要我取根电线头放在这张纸的另一面锡箔上，纸上就能呈现出一种极明显的反应，就可以用一根电线头在涂有盐溶液的纸上写出字来，也就是发电报。瞧，我已经写好了“少年”两个字。看吧，这字写得多么的工整清楚！

大家已经清楚地看到，我们已经从盐溶液中提取出来某种我们以前并不知道的物质。现在我们再把这只瓶子拿过来，看看能从它里面提取出什么东西。大家知道，我手里的这个瓶子里装的是在刚才实验时用铜和硝酸制成的混合溶液。虽然这个实验做得有些匆忙，还有那么点拙劣，但是我更愿意让大家看到我做了些什么，而不是把它提前准备好。

接下来看看会发生些什么。现在，我要让这两块铂金片成为电池组的两极，让它们与瓶内的混合溶液接触，就好像我刚才在纸上所做的实验那样。这种混合溶液无论是涂在纸上还是装在瓶子里，对我们而言都没有任何的不同，只要让它与两根电线头接触上就可以了。如果我只是将这两块铂金片单独放入溶液中（并不与电线头相连），它们不会发生任何变化，白白净净地进去，白白净净地出来。但如果我将它们与电池组连接后（图34），再放入瓶子

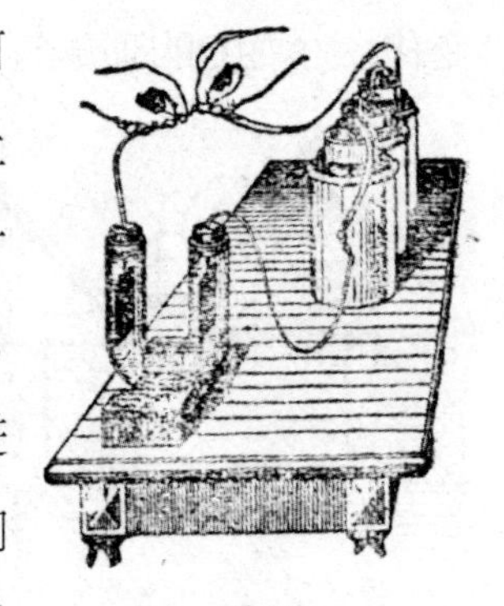
图 34

里，大家看，这一块立刻变了样子，变得像一块铜一样，而另一块出来以后则依然白白净净。

如果我将两块铂金片的位置互换后再次放入瓶里，那么右边这块铂金片上的铜就会转移到左边的那块铂金片上去。原先那块裹了一身铜的铂金片，好像洗了澡一般白白净净地出来了，而原本白白净净的那一片出来后则被铜裹得严严实实。这说明利用这套设备，我们可以将已经溶解其中的铜再次原原本本地提取出来。

现在，我们先将铜和硝酸的混合溶液放在一边，来研究一下这种设备对水会产生怎样的作用。这里有两片铂金片，我打算用它们来做电池组的两极，这个小瓶C经过特别的设计，可以将各个部分拆开，以便大家能看清它的结构。现在，取两个小杯子A和B，倒入一些水银，让它能没过连接铂金片的电线头。小瓶C里装着大半瓶的水，里面还混有一些酸，酸的加入只是为了加速电流的作用，酸本身在此过程中并不会发生变化。小瓶C的顶端连有一根弯曲的玻璃管D，它看起来跟上次炉子实验中用到的那根与枪筒铁管相连的玻璃管颇为相似，只不过在这次的实验里，我们将它的另一头接入玻璃瓶E的底部（图35）。

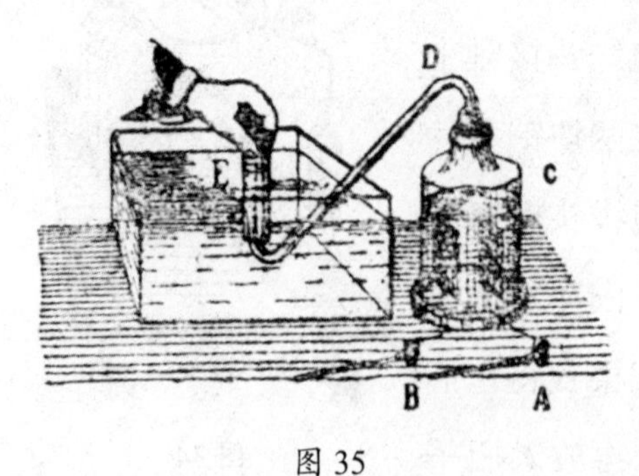

图 35

现在实验设备已安排妥当，接下来我们要让它与水发生反应了。上一次我们让水从一根烧得通红滚烫的铁管里穿过，现在我则要让电流来这大半瓶水里走上一遭。说不定水会沸腾，如果水真的沸腾了，那一定会产生蒸气。大家都知道蒸气遇冷会发生冷凝，大家可以根据这一点判断瓶里的水到底有没有沸腾。不过，也许水并没有真正沸腾，而是发生了另外一种反应，出现了与沸腾极为相似的现象。事实到底是怎么回事儿，大家看了实验就会明白。

这有两根电线，我要把这一根放在A侧，而另外一根放在B侧，大家马上就能看到，这样放会不会引起什么变化。C瓶里的水好像沸腾了，但这是真正的沸腾吗？这我们就得看看是否有蒸气产生了。我想如果真的有蒸气产生的话，那么小瓶E里很快就会充满蒸气。但是冒出来的东西到底是不是蒸气呢？肯定不是。为什么呢？因为大家看，这里还是那副老样子，没有发生任何变化。冒出来的东西停留在水面之上，据此可以判断不会是蒸气，蒸气遇到冷水会发生冷凝作用，所以冒出来的肯定是某种永久性气体。

那这种永久性气体是什么呢？是氢气吗？还是另外一种别的什么气体？好吧，现在就让我们来研究一下这种气体。如果这种气体是氢气，它就会燃烧。请看，我把收集

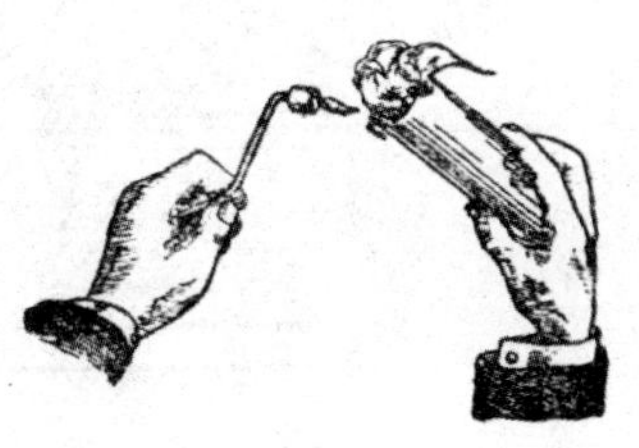
图 36

到的一部分气体用火点一下，它“嘭”的一下子烧了起来（图36）。这说明这种气体一定是可燃的，但燃烧的方式与氢气并不相同。氢气在燃烧时并不会发出那样的声响，但是这种气体在燃烧时发出的火光的颜色却与氢气相同，而且这种气体还可以在不与空气接触的情况下进行燃烧。

为了证明这一点，我还准备了另外一套设备（图37）。在这套设备里，我用一个密封的容器（我们的电流非常活跃，甚至让水都沸腾起来，不过现在一切都恢复正常了）取代了原来那只敞口的玻璃瓶。现在，我就要给大家展示一下这种气体，无论它是什么，都可以在没有空气的情况下燃烧，它在这一方面和蜡烛完全不同，因为蜡烛没有空气就无法燃烧。

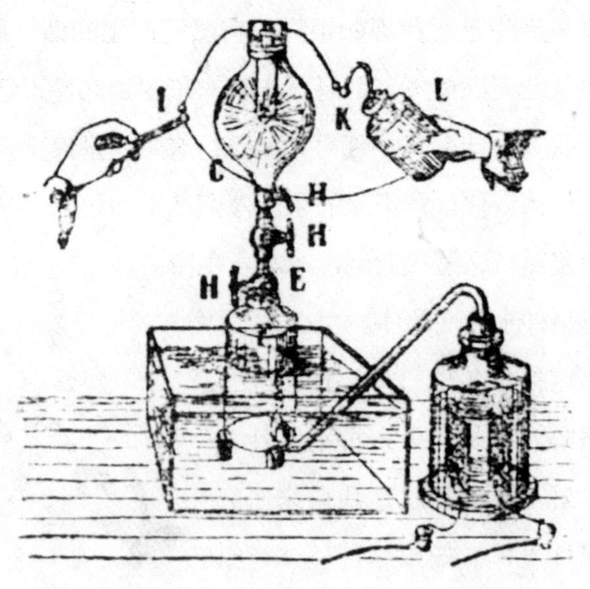

图 37

我要做的这个实验大致分为以下几个步骤：在这个玻璃容器C上面装着可以导电的两根铂金丝，分别是I和K。现在我要用空气泵将容器内的空气抽取干净，然后将其与玻璃瓶E牢牢地连接起来，从而让容器E中的气体，也就是水在受到电流作用后产生的气体能够进入到容器C中。实验进行到现在这一步，完全可以说我们已经把水变成了气体。我们不但改变了水的形态，而且真真正正地将它变成了气体物质，因为所有的水在实验过程中都已经被分解了。

现在，我把容器C安装到H这儿，让两根管子完美对接，再将三个活塞H拧开，大家看玻璃瓶E的水面，能够看到已经有气体冒出来了。待到容器G装满气体后，我会将活塞关闭，然后用莱顿瓶L（一种蓄电器）与铂金丝I、K接触。看，容器里亮光一闪，迸出了电火花，原本干净透明的容器变得有些雾蒙蒙的了。由于这个容器够结实，禁得住内部的爆炸，所以大家听不到什么声响。

大家一定都看到了那道耀眼的亮光了吧？如果我将活塞再次拧开，开放通道，玻璃瓶E水面上的气体会再次上升。然而原来那些从玻璃瓶E来到容器C随后又被电火花点燃的气体，正如大家看到的那样，已经不翼而飞了，而它们腾出来的空间则被新产生的气体再次填满。如果我们重复这一操作（我们刚刚做过的实验），新产生的气体又会再次消失把空间让出来，周而复始。在一次次的爆炸过后，容器C会变得空空如也，这是因为水在受到电流作用后转化而成的这种气体，又在电火花的作用下发生爆炸变成了水。要不了多久，大家就可以看到，上面的这个容器里会有许多的水珠沿着瓶壁流下来积聚在底部。

我们在这里只跟水打交道了，完全没有空气什么事。蜡烛燃烧产生水得靠空气帮忙，但是利用这种方法制造水则完全不需要空气的助力。因此，水应该还包含另外一种物质，而这种物质不但是蜡烛可以从空气中取得的，而且它同时还可以与氢结合产生水。

刚才，大家看到在电池组的一端的导线从装有蓝色溶液的瓶子里提取出了铜，其实也完全是电流作用的结果。如果电池具有能使金属溶液在化合之后重新分解的强大力量，那么我们是否也可以利用它的这种能力将水的各个组成部分分离，然后将它们分开放置呢？

假如我用电池组上的两个金属电极来对这个仪器中的水进行测试（图38），看它会发生什么样的反应。我将一根线头放在A处，另一根放在B处，将两者分开保持相当远的距离，而且在每处各放有一个有孔洞的小架子，并将金属电极塞入孔洞里。这样从两极冒出来的气体便可以各自上升，不会混在一处。因为大家已经看到，在这样的情况下，水是不会变成蒸气的，而是变成气体。现在导线已经与盛有水的容器联结起来。

大家看，水里已经开始冒泡泡了。现在，我们得把这些气泡收集起来，看看它们到底是什么。这里有一只玻璃筒O，我在里面放上了水，将它倒扣在A处的电极上。这里还有一只玻璃筒H，同样也放上了水，我要将它倒扣在电极B处。这样一来，我们就拥有了两套同样的装置，可以同时收集两处冒出的气体。要不了多久，两个玻璃筒都会装满气体。看吧，开始了。左边的玻璃筒H装得特别快，而右侧的玻璃筒O装得就没那么快了。尽管有些气泡被我放跑了，但是这个反应还在按部就班地进行着。

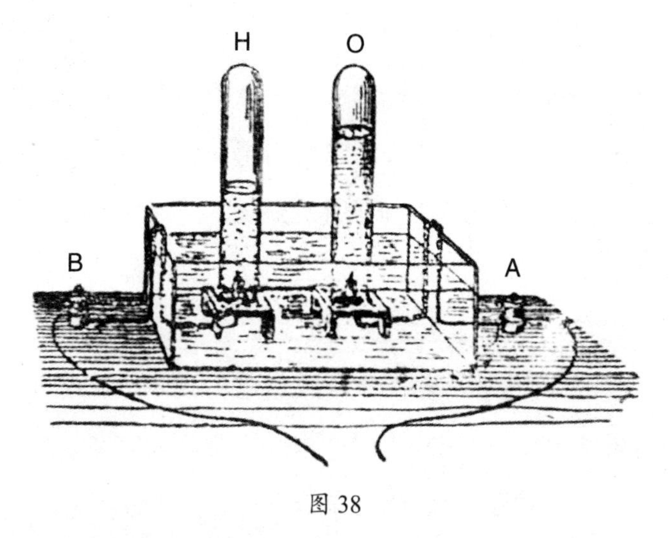

图 38

如果不是两只玻璃筒一只大一些，另一只小一些，大家也许就能看出来，玻璃筒H里的气体是玻璃筒O中的两倍之多。这两种气体都是无色的，它们积聚在水面之上，没有发生冷凝反应。它们看起来似乎完全一样，都是无色透明的。这两种气体的体积都很庞大，做起实验来很方便，所以我们有机会来一探究竟，看看它们的庐山真面目。先来研究一下左边玻璃筒H里的气体，请大家做好准备对氢进行辨别。

首先请大家回忆一下氢的所有特征——分量轻，即使在底朝天的玻璃瓶里也能站得稳，在瓶口燃烧时火焰呈淡白色。现在我们来看一看玻璃筒H里的气体是否符合这些特征。如果这个玻璃筒里面是氢气的话，即使我将其倒置，气体也不会跑掉，在筒口处点火，它会立即燃烧起来。瞧，燃烧起来了，这个玻璃筒里的气体的确是氢气。

那么另外一个玻璃筒里的气体又是什么呢？大家知道这两种气体混合燃烧会发出爆炸的声音。然而我们在水里发现的另外一个成分又是什么呢？那么它必定是一种可以使氢燃烧的物质。我们知道，放入容器里的水是由这两种物质化合而成的，我们已经知道其中一种是氢，那么另外一种又是什么呢？它在实验前藏身于水里，实验后又可以独立存在。

现在我要将这块点着的木片放进这种气体里。这种气体本身并不能燃烧，但是它却可以让木片燃烧。大家看，这种气体能让木片燃烧得更旺，火势比在空气里要大得多。

现在大家应该清楚了，所谓的另外一种气体，确实是组成水的物质之一。蜡烛燃烧要生成水就必须从空气中获得这种物质。那么我们应该怎样称呼这种物质呢？是该把它称作A、B还是C呢？让我们叫它O，也就是“氧”，这真是一个清楚响亮的好名字。这就是氧，它存在于水中，成了水的重要组成部分。

现在我们将开始更清楚地了解我们的实验和研究，因为当我们对这些物质进行一次两次研究分析后，我们很快就会明白蜡烛为什么能在空气中燃烧。当我们用这种方式来分析水，也就是说，把它的组成成分分离或是电解出来，我们得到了两份氢，以及一份可以使其燃烧的氧。从下面的表里可以看出，水中的另外一种元素——氧，与氢相比分量非常重。

氧	88.9
氢	11.1
水	100

既然我已经向大家展示了如何将氧从水中分离出来，那么接下来我想再和大家聊一聊怎样才能取得大量的氧。一提到氧，大家也许能立刻想到它存在于大气之中，因为如果空气中没有氧存在的话，那么蜡烛又怎能燃烧产生水呢？没有氧的存在，这是完全不可能的事，从化学角度来看，更是办不到。那么，我们能否将氧从空气中分离出来呢？其实，要想从空气中获得氧还是有些办法的，不过这些办法都很复杂，操作起来也不容易。但大家不必担心，因为我们有更好的办法。

这里有一种名为二氧化锰的东西，是一种看上去黑乎乎的矿物质，别看它黑，却大有用处，只要我们将它烧热、烧红，就能制造出氧气。这里有一个铁罐子，我将一些二氧化锰放入其中，然后在罐口固定一根管子。现在火源已经就绪，把它放到火上烧一下，因为罐子是由铁制成的，所以能够经得住火的灼烧。

另外，我这里还有一种被称为氯酸钾的盐类，因为它在漂白、化学、医药以及烟火等方面都大有用场，所以被大量生产。现在我要取一点，把它和二氧化锰混在一起（与氧化铜或氧化铁混合也可以），现在，如果我把这些混合物放在铁制的蒸馏罐里加热，还没等这个铁罐烧红，就能从里面冒出氧气来（图39）。但是，我并不想制造太多的氧气，只要够我们实验使用就可以了。不过大家也能看得出来，原料放得太少也不行，因为最初冒出来的这部分氧气会和蒸馏罐里的空气混合，从而被其稀释不够纯粹，这样我就不得不忍痛割爱将这一部分气体丢弃。

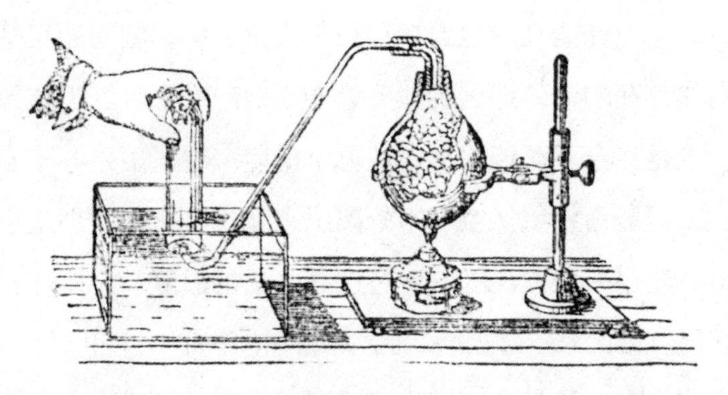

图 39

同时大家也会看到，在这个实验里，一盏酒精灯的火力就足以让混合物分解出来氧，因此我们可以使用两种方法来制造氧。看吧，这一小撮混合物现在已经开始爽快地喷吐出气体来了。现在让我们马上来分析一下，看看这些气体具有什么样的特性。

现在我们正在用这种方式制造一种气体，正如大家所看到的那样，这种气体看起来跟我们上一次实验中电解水时所取得的气体完全相同：无色透明，不溶于水，看起来和空气一个样。由于第一罐里面有空气以及最初在准备过程中所释放出的那部分氧气，为了保证我们的实验能够以一种规范严谨的方式来进行，必须将其舍弃。通过电力分解水而得到的氧气，由于对木片、蜡烛和其他物质的燃烧具有显著的助燃性，所以我们期待在这里得到的气体也具有相同的特性。

现在，我们来试一下。大家请看，这里有一支点燃的蜡烛，这是它在空气中燃烧的状态，现在我要把它放到铁罐里。瞧呀！看它燃烧得多么的耀眼、旺盛呀！除此之外，大家还能注意到氧是一种分量较重的气体，而氢气却可以像气球似的往上飞升，要是下面没有这个信封坠着的话，甚至飞得比气球还快。大家也许已经注意到了，尽管我们分解水所得到的氢气体积是氧气的两倍，但是在重量上，可绝不是两倍的事了。这是因为氧气比较重，而氢气则非常轻。

其实，我们有办法来称量气体或是空气的重量，但是我并不想停下来对此进行过多的解释，所以我会直接告诉大家，它们各自的重量是多少。根据实验我们可以得出，1立方分米的氢重0.084克，但是相同体积的氧却重1.3328克。1立方米的氢重84克，而1立方米氧则重1334.9克。两者的重量悬殊差不多有16倍。依此类推，我们也可以用天平来称量，即使几百千克、几吨也能马上计算出来。

现在我们要把氧的助燃性和空气的助燃性进行比对，我会用一支蜡烛来给大家做展示。不过这种做法不够严谨，所以结果也不会那么准确，但看个大概是没有问题的。首先，请大家观察一下这支蜡烛在空气中燃烧的样子，如果它在氧气中燃烧又会出现什么情况呢？现在，我要用这只装有氧气的玻璃瓶把这支蜡烛罩起来，请大家比对一下它的火光前后有什么不同。

大家看到了吗？氧气中的烛火看起来和电池组两极迸发出的火花有些相似，可见它的反应一定非常强烈（图40）。然而，在整个反应过程中所产生的物质与蜡烛在空气中燃烧所产生的物质并无不同。当我们用这种气体来取代空气，就跟蜡烛在空气中燃烧时一样，产生的同样是水，发生的现象也相同。

现在我们对这个新的物质已经有了一些了解，接下来我们要对它进行更为深入的观察和研究，从而充分全面地认识蜡烛燃烧时所产生的这部分生成物。这一物质具有极其惊人的助燃性。比如这盏油灯，虽然它的结构看起来简单，但要说起来却是现代各种灯塔、显微照明和潜水用灯的鼻祖呢。要是想让这种“元老灯”大放光明，一定有人会说：“既然蜡烛可以在氧气里燃烧得更旺更亮，难道不能把油灯

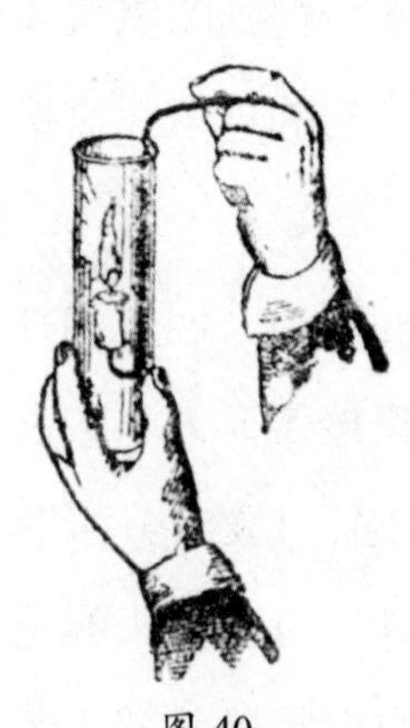

图 40

也放进去吗？”

说得好，油灯也会如此。为了能证明这一点，我先故意把这盏“元老灯”的灯火用得暗淡一点，然后把这根与氧气筒相连的管子凑到它的跟前，向灯火上喷氧气。看，氧气一出来，这盏油灯烧得多旺呀！可是我把氧气一挪开，瞧，火光立刻暗淡下来，还是那副惨惨淡淡的老样子。

氧气对于燃烧的促进作用简直妙不可言。它不仅仅可以促进氢、碳和蜡烛的燃烧，对任何其他东西都具有同样的助燃作用。比如我们用铁来举一个例子，在前面的实验里，我们已经看到过铁在空气中燃烧的样子，烧得并不旺，只能烧起来一点儿。现在我们来看一下它在氧气中燃烧会是什么样的。

这有一瓶氧气和一根铁丝，即使不用铁丝而是换成根像我胳膊这么粗的铁棒也可以，燃烧的效果不会有任何差别。首先，我要把这个小木片固定在铁丝上，然后把木片点着后和铁丝一起放进氧气瓶里。现在，木片开始燃烧了，而且烧得很旺，这就是点燃的木头在碰到氧气后必然会出现的现象。大家请注意，用不了多久，木片的火势就会席卷到铁丝。看吧，铁丝已经被烧得通亮，非常耀眼，这种现象将会持续很长时间，只要氧气不断，铁丝就会继续燃烧，直到化为灰烬为止。

现在我们暂且把铁丝放在一边，取另外一样东西来试试。但还得跟大家交代一下，我们必须把现在要做的实验压缩一下，因为时间已经不够用了。我们取一块硫黄，大家都清楚，硫黄在空气中燃烧是什么样的。但现在我们要把它放在氧气中燃烧，大家会发现，无论任何物质，只要可以在空气中燃烧，放在氧气中后都会燃烧得更剧烈。这也许能够引导大家得出这样的结论：空气自身的助燃性完全是氧气所赋予的。现在请看，硫黄在氧气中静静地燃烧，但只要看上一眼就能发现，在这里发生的反应远比在空气中要剧烈得多。

现在我们要来观察另外一种物质——磷的燃烧状况。我在这里做这个实验的效果肯定要比大家自己在家做要好得太多了。磷是一种可燃物，如果它在空气中都能烧得这么旺盛，想象一下，如果在氧气里它又会烧成什么样子呢？现在我要通过实验展示给大家看，不过并非是磷完全燃烧时的样子，因为如果要让它完全燃烧起来，这个仪器肯定会被炸飞。尽管我每一步都按照计划谨小慎微，但依然有可能把这个罐子给炸飞。看吧，它在空气里燃烧得多么带劲，待到放进氧气瓶里，它燃烧得更加劲爆，火星四溅，简直亮得让人睁不开眼睛。

到目前为止，我们已利用其他一些物质对氧的助燃性进行了测试，证明它具有很强的助燃力。但是现在我们还得多花点时间来观察一下它对氢的作用。大家已经知道，如果我们把从水里分解出来的氧和氢再次混合并燃烧，会发出轻微的爆炸声。大家应该也还记得，当我在一根管子口上把氢氧混合气体点燃后，火焰的亮度虽然不高，但是热度却极高。

现在我将要把氢和氧按照其在水中的比例混合起来并点

燃。在这只玻璃瓶里装有一份氧和两份氢。这种混合物与我们刚刚在电解水时所获得的气体在性质上完全相同，但是这里的混合气体有点太多了，我不想把它一下子全部点燃。因此我要用这些气体先吹出一些肥皂泡，然后再把这些肥皂泡点燃，通过这样一两个实验，我们就能观察到氧到底是怎样帮助氢燃烧的。

首先，我们来看一下，这种气体到底能不能吹出泡泡。现在，我把这只烟斗的一头接在玻璃瓶上，另一头插进肥皂水里，看吧，泡泡吹出来了！我把吹出来的泡泡放在手上了，大家也许会认为我在这个实验中的做法未免有些奇怪。我之所以这样做，是为了让大家能够明白，我们绝不能总是听响声办事情，更应该相信真正的事实。我只能叫泡泡在我的手掌上爆炸，而不敢在烟斗的烟嘴那里将它点燃，因为这么一来火焰会窜入瓶内，导致里面的气体发生爆炸，玻璃瓶也会跟着破碎。肥皂泡爆破以后，通过观察现象以及听声音，我们可以判断：燃烧后氧已经和氢迅速化合起来，并运用它的全部威力改变了氢的固有特性。

讲到这里，我想大家对于氢燃烧时生成水的全部过程，以及它与氧气、空气的关系已经非常清楚了。为什么一小片钾可以把水分解呢？因为它可以在水里获得氧。如果我把这片钾放到水里之后，又有什么东西被释放出来呢？当然是氢，而且还燃烧起来了，而钾则与水里的氧相结合。这片钾在分解水的过程中（你可以说，水是蜡烛燃烧的产物）将蜡烛燃烧时需要从空气中获取的氧夺走了。于是，氢就被释放出来了。

即使我在一块冰上面放一片钾，靠着氧和氢之间美妙的亲密关系，冰也绝对会让钾燃起熊熊烈火。我今天给大家做这个实验，是想借此来开阔我们的眼界，让你们能够认识到环境对于事物会产生多么巨大的影响。看吧，这块钾让冰块像火山爆发一般炸裂了。

需要向大家说明的是，上面的这些情况都是非常特殊的。等我们下次再见面的时候，我会向大家说明，只要我们按照自然规律办事，当燃烧反应发生时，无论是蜡烛，还是管子里的煤气，或是火炉中的燃料，都不会出现这种奇怪又危险的反应。

水中除了包括氢物质，还有什么物质?

氧气和氢气有什么不同?

如何将氧从空气中分离出来呢?

第五讲

空气中的氧

轻松导读

氮气是一种既不能燃烧，也没有助燃力的气体，相反还会把已经烧着的东西给弄灭。那这种物质就不“可爱”了吗？当然不是，正因为氮气能抑制燃烧，人类才更加需要它。在本章中，我们还可以了解到气体是可以称量的。具体是怎么做的呢？我们阅读了本章内容后就知道了。

现在，大家已经知道，从蜡烛燃烧生成的水里可以获得氢和氧。氢，大家已经知道，来自蜡烛，而氧则来自空气。那么，大家可能会问我：“为什么空气不能跟氧气一样让蜡烛燃烧得那么旺盛呢？”如果大家还记得上次我把蜡烛罩在氧气瓶里所发生的现象，那么一定不会忘记蜡烛在氧气中的燃烧和在空气里有很大的差异。为什么会出现这样的差异呢？这是一个非常重要的问题。现在我要想尽一切办法，让大家能明白其中的道理。这与空气的性质有着极为密切的关系，对我们而言极为重要。

除了通过燃烧来研究氧的性能之外，我们还有一些其他的方法来测试它的特性。大家已经分别看到过蜡烛在氧气和空气中的燃烧、磷在氧气和空气中的燃烧，以及铁粉在氧气中燃烧的情况。除了这些实验以外，我们还能用许多办法进行测试。现在为了让大家能够对这个问题有进一步的认识，我要用另外一两种方法来进行实验。这里有一瓶氧气，但是空口无凭，我得证明给大家看才行。依据我们过去的经验，大家知道，如果取点燃着的木片放到氧气里会发生什么样的情况，从而来判断容器里装的气体到底是不是氧气。好的，通过木片的燃烧状况，可以说明里面装的的确是氧气。

现在，我们要来做一个既有趣又很实用的实验来证明氧的存在。我这里有满满两大瓶气体，在这两个瓶子相连接的地方用一块玻璃板将它们隔开，避免两种气体混在一起。现在我要把这块玻璃板抽掉，两个瓶子里的气体开始你来我往地相互交融。那么结果会怎样呢？大家一定会说："这两种气体接触以后并没有发生燃烧现象，这与我们看到的蜡烛实验时的情况完全不同。"但是与另外的一种气体[①]混合后，氧气的存在是明摆着的事了。我用这种方法所获得的气体有着红红的颜色，多漂亮呀！这说明氧的存在是千真万确的。

我们还可以将这种实验气体与普通的空气混合起来，用同样的方法来进行实验。这只瓶子里装的就是可以使蜡烛燃烧的普通空气，而这只瓶子里装的就是我们实验用的气体。现在我

① 在这个实验中，用来测试氧存在的气体是氧化亚氮，是一种无色的气体，在与氧气接触后会生成红色的亚硝酸气体。

要让这两种气体在水面上相遇，大家一起来看看会产生什么样的结果：实验用的气体开始向空气瓶里流去，大家可以看到出现的反应与上一次一模一样，这就说明了空气中含有氧。这种氧与我们从蜡烛燃烧生成的水里所获得的氧完全相同。但是问题又来了，为什么蜡烛在空气里燃烧得不如在氧气中旺呢？

现在我们马上就来研究这个问题。我这里有两个形状大小完全一样的瓶子，里面装着同样多的气体，光从外表来看，两者没有任何区别。尽管我明明知道两个瓶子里装的气体并不相同，但是现在，我完全弄不清楚哪个瓶子里装的是氧气，哪个瓶子里装的是空气。不过这并没有关系，因为我这里有试验气体。

现在我要让它与这两个瓶子里的气体分别发生反应，来看一下它们变色发红的程度有没有什么区别。现在我要把试验气体放入其中的一个瓶子里，请大家来观察发生的变化。瞧吧，马上变红了！这说明里边有氧气存在。现在我们来测试另外一瓶气体，大家请看，这个瓶子里的气体也开始变红了，但是红得没有另外一只瓶子那么明显。然而事情并没有结束，好戏还在后头。

如果我向这两瓶气体里加入一些水，然后再摇一摇，大家会发现里面的红色气体不见了，全被水吸收了。我可以继续放入试验用的气体，依旧可以使瓶子里的气体变红，而水还能再次将其吸收，只要有氧的存在，我就可以让这个实验反反复复一直继续下去。

如果我把空气放进去了，也不会产生什么影响，只要有了水，红色气体就会消失。如果我不断地加入试验气体，让水不停地吸收产生的红色气体，那么最后剩在瓶里的气体，在这种可以使空气和氧气变红的特殊气体面前，不会再产生任何的变化，再也不会变红。为什么会这样呢？这难道是因为试验气体被用完了吗？

其实并非如此。现在，我要往瓶子里加进一些空气，瞧，它立马又变红了，这说明瓶子里还有试验气体存在。所以瓶子里除了氧气之外，应该还有另外一种东西被留了下来，它与试验用的气体混合后不会变成红色。

看过这个实验以后，再来听我的讲述，大家理解起来就比较容易了。大家知道，磷在玻璃瓶里燃烧时，除了与空气中的氧结合发生冷凝现象生成雾以外，也会像上面讲到的红色气体那样遗留下大量无法发生反应的物质。那种无法变红的气体和不与磷发生反应的无法燃烧的气体，实际上是同一种物质。显然，这种物质并不是氧，但也是空气的组成部分之一。

所以显而易见，通过这种方法，我们可以从空气中分离出两种组成物质：一种是氧，可以帮助蜡烛、磷以及其他一切物质燃烧；另一种物质则是氮，也就是我们前面提到过的，没有助燃力的气体。氮在空气中所占的比例要远远超过氧，当我们对它进行研究的时候，大家会发现，它是一种不同寻常的东西，极其与众不同，甚至你也许会说它很没意思。大家之所以会觉得它在某些方面毫无趣味，是因为它不能燃烧发出美丽耀眼的光芒。如果我像测试氧气和氢气那样，用一支蜡烛来对它进行试验的话，大家会发现它既不能像氢气那样燃烧，也不能像氧气那样助燃。无论你用什么样的方式来试验，它都是老样子，既不能燃烧也不会帮助蜡烛燃烧，相反它还会把任何已经烧着的东西给弄灭了。

在一般情况下，没有任何一种物质能够在其中燃烧。氮气无色无臭，也不溶于水，既不属酸类，也不属碱类，它对人体的各个器官几乎不会产生任何作用，所以你压根儿感觉不到它的存在。那么大家也许会说："既然它毫无存在感，所以从化学角度来看，根本就不值一提，那么它在空气里又有什么用呢？"这个问题非常重要，需要很精密地加以研究才能得出正确的结论。

我们可以试想一下，假如空气中的氮气都被氧气所取代，我们的世界将会怎样呢？大家很清楚，在装有氧气的玻璃罐里的铁不燃则已，一着起来必是不化为灰烬不肯罢休。当你看到铁炉里烈火熊熊的时候，大家不妨想一想，要是空气里只有氧气，会是一幅怎样的场景。想必那炉子本身的铁炉条会比炉子里的炭更容易燃烧。如果空气完全由氧组成，那么要火车头冒烟，就等于在燃料库里放火。但实际上氮气起了非常重要的作用：抑制了它们的燃烧，不让它们肆意妄为，能够为我们所用，并且把像蜡烛燃烧时产生的那种黑烟驱散到广大的空间，运送到有需要的地方来维持植物的生长，为人类的利益做出重大贡献。

只有在研究过后，才能发现氮的卓越贡献，难怪大家会说："氮是完全无关紧要的东西了。"在通常状况下，氮是一种极不活跃的元素，只有对其施加强大的电流，才能促使它与空气里的另一种元素或是周围其他物质发生反应，直接进行化合，即使是在强大电流的刺激下，它也只会与其他物质发生小幅度的、有限的化合。所以我们说，氮是一种极其稳定、极其安全的物质。

在说明氮的这种特性之前，我首先要把空气的情况给大家介绍一下。下面的这个表就是空气成分的百分比：

	体积	质量
氧…………	20	22.3
氮…………	80	77.7
	100	100.0

表中所呈现的数字是对空气成分的真实分析[①]。通过分析，我们发现5立方分米的空气中只含1立方分米的氧气，剩余的4立方分米全部是氮气。为了能够让蜡烛正常燃烧，同时能够让我们的肺健康地呼吸，的确需要这么多的氮来削弱氧的活力。

① 当时人们认为空气是由氧和氮组成的，并不知道空气中还含有氦、氩、氖等其他稀有气体。

因为正确调节氧的比例，对于我们的呼吸以及蜡烛的正常燃烧都具有同样重要的意义。

现在我们再来看看空气的组成。首先我要告诉大家空气各组成部分的质量。我们知道，1立方分米的氮约有1.17克，以1立方米计算约为1.17千克；而氧则比较重一些，1立方分米氧约为1.33克，以1立方米计算约为1.33千克；1立方分米空气约为1.25克，1立方米空气则为1.25千克。

大家一定会问："气体质量是怎么称量的呢？"这个问题大家已经跟我提过好多次了，我很高兴大家能提出这样的问题。现在我就要给大家讲一讲气体应该怎样称量，其实称量的方法非常简便易行。我这里有一架天平，还有一个铜瓶（图41）。这只铜瓶由镟床精加工制成，分量非常轻，但却相当结实。瓶口有活塞，可以控制闭合。活塞紧闭以后，铜瓶就被完全密封起来了。

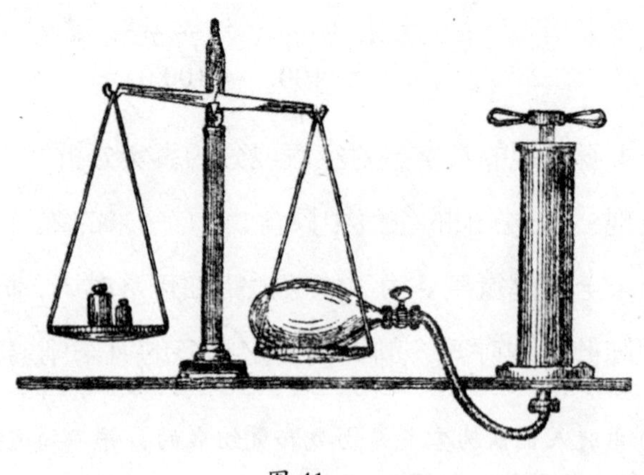

图 41

现在活塞的口是开着的，因此瓶子里装满了空气。我要把这个装着空气的铜瓶放在这架制造精密的天平的秤盘里，然后在另一个秤盘里放上砝码，并使天平保持平衡。看，这里还有一个打气筒，可以将空气打入瓶子里，我们可以按照这只打气筒的测量值压入一定量的空气。现在，我取下天平上的铜瓶往里打气，打完气后将活塞关闭，把它放回秤盘内。大家请看，秤盘下降了，显然铜瓶比以前重了一些。为什么会这样呢？

当然是因为我们往瓶里打进了好些空气，铜瓶中空气的体积虽然并未扩大，但因为空气增多了，所以质量就增加了。为了能让大家知道，铜瓶里究竟增加了多少空气，让我们来做一个实验。这里有一个玻璃瓶，里面装满了水，现在我要把铜瓶里的空气放到这只玻璃瓶里，让它恢复原来的状态（图42）。要做到这一点，我只需要将两只瓶子的瓶口紧紧地连接起来，然后打开活塞。大家看，刚才用打气筒打进铜瓶里的那些空气全都跑到玻璃瓶里去了，而原来玻璃瓶里的一些水则被空气挤了出来。

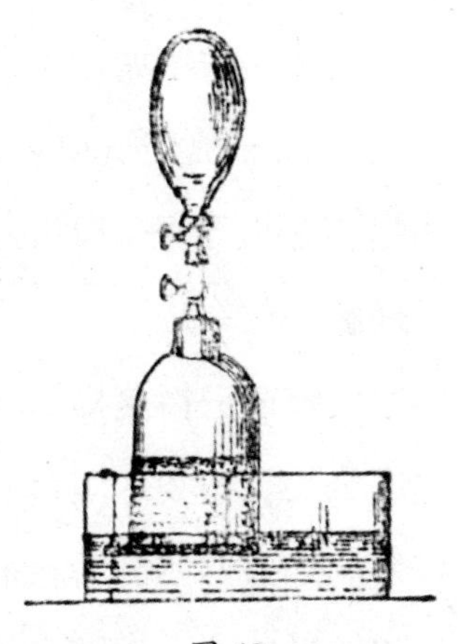
图 42

为了能够确定我们打进去的空气已经全部被释放出来，我们现在把铜瓶再放回到天平上。如果它的质量还和原来一样，就能够证明我们的实验是准确的。瞧吧，天平依然能够保持平衡，也就是说铜瓶的质量跟原来一模一样。显然，利用这种方法，我们就可以求出铜瓶中额外打入的空气质量，用同样的方法，我们就能确定每立方米空气的重量是1.25千克。但是这个小小的实验，并不能把整件事的全部真相展示给大家。如果进行大规模的实验，大家就会发现空气的重量有多么的惊人。

大家想一想，1立方米空气重1.25千克，那么摆在上面的那只特制的箱子里的空气有多重呢？我可以毫不夸张地说，箱子里的空气足有500克重。我大概算了一下咱们这间大厅里的空气重量，大家肯定想不到，这里空气的总重量会在1吨以上。随着空气体积的不断扩大，它的重量增长的也如此迅速。然而，空气的存在，以及其中的氧和氮的存在，对我们来说是如此的重要。它来来回回四处奔忙，担负着运输的任务，将有害的气体输送到能让它发挥积极作用的地方。

刚才给大家展示了几个有关空气重量的小例子，现在我要给大家说一说空气重量对事物产生的影响。对这一点，大家还是有必要了解一下的，否则对日常生活中的一些现象就难以理解。

大家还记得这样的一个实验吗？或者说大家以前有没有见过这个实验？我这里有一个抽气机，跟刚才咱们用来往铜瓶里打气的那只打气筒看着很像。现在，我要把这个圆筒和这个抽气机连接起来，圆筒口可以用手掌严密地盖住，一点不漏气。

大家可以看到，我的手在空气中可以自由活动，一点儿也不费劲，即使动得再快，也完全感觉不到任何阻力（图43）。

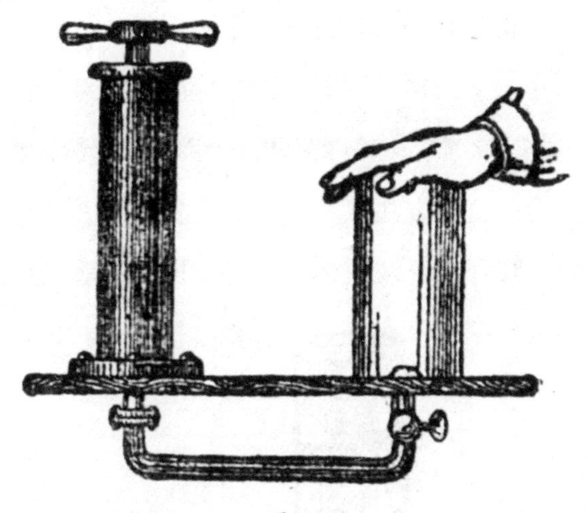

图 43

大家看，现在我把手盖在圆筒口上，如果我用抽气机把筒里的空气抽出去会发生什么呢？为什么现在我的手好像被绑住了似的，根本动不了呢？甚至我一用力往上提，手非但依旧无法与它分开，整个仪器还让我给提了起来。为什么会这样呢？这就是空气重量的作用，因为我手上空气的分量太重了。

在这里我还要给大家再做一个实验，也许能让大家看得更明白些。这里有一个玻璃杯，杯口处被蒙上了一块薄皮，当空气被从玻璃杯里抽出的时候，大家可以清楚地看到变化的效果。现在，杯口上的薄皮是平平的，但是当我稍微抽动几下这个抽气机，大家请看，薄皮开始凹下去了，而且凹陷得越来越厉害，随着我不断抽动抽气筒，薄皮不断地被拉扯，最终承受不住空气的压力被“啪”的一声压破了。空气中的粒子层层叠叠，累加起来就像摆在这儿的5个立方体那样（图44）。大家一看就知道，上面的4个立方体全靠底下的这一个立方体支撑着，要是我把这个立方体给抽掉，那么上面的4个肯定要往下落。空气也是如此，上层的空气被下面的空气支撑着，当下面的空气被抽走以后，就会发生大家刚刚看到的那些变化，如我的手无法从圆筒口挪开或是蒙在杯口的薄皮被压破等类似的现象。

图 44

现在我再给大家做一个实验，这样大家会看得更清楚。我在这只玻璃瓶口蒙上了一块橡胶薄皮，用它把瓶内和瓶外的空气隔离开来。现在，我要把瓶内的空气抽走，请大家注意观察橡胶薄皮的变化，来体会一下空气压力的作用。看，橡胶薄皮凹陷得越来越深，深得连我的手都能放进去了。之所以会出现这样的现象，完全是上层空气的强大压力造成的。这个实验多么生动地说明了这一点呀！

图 45

在今天的报告结束之前，我还有些东西要给大家看一下。我这里有一个铜制的小仪器，由两个半球组成，并且这两个半球可以严丝合缝地并在一起（图45），其中的一个半球还附有一根小管子和一个活塞，利用这根小管子，可以把球内的空气全部抽走。

当仪器里有空气存在的时候，两个半球可以轻易地分开。然而等我把球内的空气一点点抽走以后，即使从大家中选两个力气最大的人，也休想把它们分开。当球内的空气被抽空的时候，圆球上每1平方厘米所承受的空气压力有10牛顿之多。讲座结束后，大家有兴趣可以上来试一试，看看你们的力量到底能否克服空气的压力。

我这里有一个男孩子们玩的小东西，不过我给改良了一下。作为少年科学爱好者，我们完全有权利用玩具来进行实验，所以今天我们就要把玩具和科学结合起来，将科学原理融入我们的玩具。

这里有一个吸盘，不过我这里的吸盘是由橡胶制成的。如果我把这个吸盘往桌上轻轻一按，看吧，它立马吸住了。我可以让它在桌面上滑过来再滑过去，但就是拉不起来，只要一拉就好像要把整个桌子连带着拉起来似的。想让它在桌面上滑来

图 46

滑去很容易，但要是想把它从桌面上取下来，就只有把它滑到桌边才行（图46）。

那么，它为什么能够吸住桌面呢？说起来只有一个原因，那就是吸盘上面空气的压力把它给压住了。我手里有两只这样的吸盘，如果我把这两只吸盘吸在一起，大家会发现它们吸得特别牢。实际上，我们把吸盘吸到窗户上、墙上再挂点什么东西的话，可以待上一整夜都不会掉下来，所以我们可以用它来挂任何我们想要挂起来的东西。

关于空气压力的实验已经给大家展示过几个了，但我觉得有必要再做一个，好让大家回家能够亲自试一试。大家请看，这里放着一杯水。如果我要大家把这只杯子倒着拿，还不能让杯里的水流出来，也不许你用手去托，而只允许利用大气的压力来顶住它，你能办到吗？取一个酒杯，装满水或半杯水都可以，然后在杯口放上一张平整的卡片，然后再把酒杯翻过来让杯口朝下（图47）。那么，杯口的卡片和杯里的水会怎样呢？看，在

图 47

毛细管作用下，卡纸把杯口牢牢地封住了，所以杯里的水流不出来，而外面的空气也跑不进去。

我想通过这些实验，大家应该能够正确地认识到，所谓“空气”其实并不“空”，而是一种实实在在的物质。当我跟大家讲到那只盒子里的空气有500克重，整间大厅里的空气总重可达1吨以上的时候，大家就已经明白了，空气非但不空，而且还重得很。

现在我要再做个实验，让大家体会一下空气的这种特性。我要做的是纸炮实验，做起来简单易行，只需随便拿一根什么样的管子当炮筒，然后再切块马铃薯、苹果做炮弹，就像我现在做的这样，把炮筒的一头紧紧地塞住。现在炮筒的这一头已经塞紧了，我要再取一块炮弹把另一头也同样塞住。这样才能确保里面的空气能够完全按照我们的意愿行事。

大家看，现在不管我怎么用力也不能把后来塞进去的这颗炮弹推到第一颗那里去。这是根本做不到的，不过我的确可以向里推一段距离，但如果我一直使劲儿往里推，那么在第一颗炮弹跟第二颗炮弹还有一段距离的时候，炮筒里的空气就会像火药爆炸那样把第一颗炮弹给顶出去。其实，火炮也是部分利用了大家所看到的这个原理。

我曾看到一个实验，感到非常高兴，因为我觉得它刚好可以用到我们所讲的这个问题上。在做这个实验之前，我应该休息四五分钟，因为这个实验的成败完全取决于我的肺活量。只要能够合理地利用空气，我就能够把一个杯子里面的鸡蛋吹到另一个杯子里去。但我并不能保证一定会成功，因为我已经说了太多的话了，耗费了太多的气力，很可能吹不动了。（演讲者进行了尝试，成功地将鸡蛋从一个杯子吹到另一个杯子里。）

请看，我的实验成功了。我刚刚吹出去的空气经过鸡蛋和酒杯之间，形成一股气浪从底部向鸡蛋吹过去，这股力足够大以至于把鸡蛋给掀起来了。如果大家也想亲自试一试，我建议最好还是先把鸡蛋煮熟了，然后再来做这个实验，只要小心一点一定能够成功。

关于空气重力这个问题，我们已经花了很长的时间来谈，不过还有另外一个问题，我要在这里说一说。大家刚才已经看到，在做纸炮实验的时候，我只有将第二颗马铃薯炮弹向里推进1.5 ~ 2厘米，一颗炮弹才能被推射出去。这靠的完全是空气的弹性，就跟我以前向铜瓶里面打入空气是一个道理。

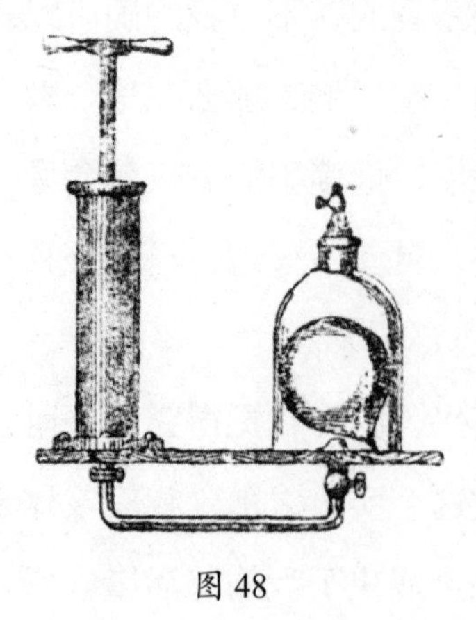
图 48

弹性是空气非常重要的一个性质，我需要给大家好好地介绍一下。取一个薄膜袋，它既可以把空气装在里面，还可以收缩和膨胀，所以也是测试空气弹性的非常好的材料。现在我们向这个薄膜袋里装一些空气，放进密封的玻璃盅内（图48）。如果我用抽气机将玻璃盅内的空气抽掉，也就是把压在薄膜袋上的压力拿走，它就会不断地膨胀，变得越来越大，把整个玻璃盅撑得满满的。

但如果我重新把空气打入玻璃盅内，薄膜袋又会开始越缩越小，空气打进去得越多，压力也就越大，它也就缩得越小。这说明空气具有良好的弹性，既能压缩又能膨胀，这一点对于它在自然界所起的作用至关重要。

现在我们要把话题转到另外一个重要的方面。大家应该还记得，我们在对蜡烛的燃烧进行研究时发现它在燃烧过程中会生成各种各样的产物。在这些产物中，除了有黑烟和水以外，还有一种物质，我们至今尚未对其进行研究。在蜡烛燃烧时，我们曾经把生成的水收集起来，而其余的产物，则让它飞散到空气里去了。现在，我们就要收集一些这样的产物，来对它们进行分析研究。

下面要做的这个实验，可能在这方面对大家会有所帮助。这里有一支蜡烛，我把它放在一个类似车轮的架子上，然后再罩上一个玻璃烟囱。我认为这样摆放，蜡烛是不会熄灭的，因为上下都有空气流通。大家首先会在玻璃烟囱里看到雾气。大家都知道这是蜡烛燃烧时生成的氢与空气中的氧化合而成的水。除此之外，还有一些东西在不断地从烟囱里往外冒，这种物质不是水，不潮湿，更不会冷凝，但却有着非常独特的性质。

大家请注意看，现在我将一根燃烧的火柴凑到烟囱口，从里面冒出来的这股气流几乎都要把火柴的火焰给熄灭了。如果我挪动一下火柴，让它正对着气流，那么这股气流立马就能把它弄灭（图49）。

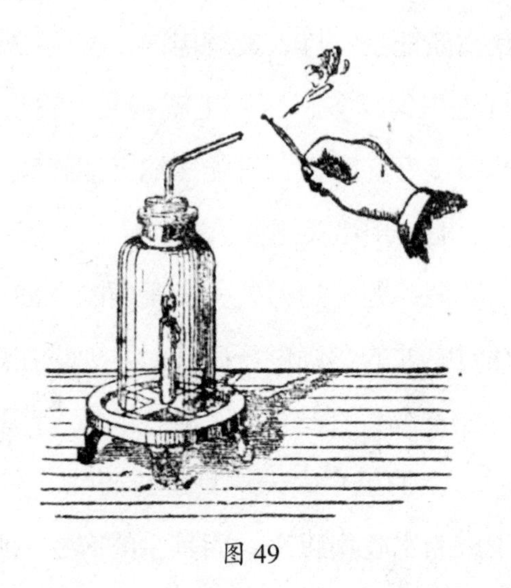

图 49

大家也许会说，这很正常呀，没有什么好奇怪的，因为氮气既不能燃烧，也不能助燃，所以火自然就熄灭了。但是除了氮气以外，这里面就什么都没有了吗？我们必须要弄清楚这一点，也就是说，我得用我掌握的科学知识帮助大家进一步弄清，该用什么样的方法去研究和证实这些气体以及诸如此类的现象。

现在我要拿一个空瓶子，把它凑到烟囱口上，这样在下面燃烧的蜡烛就可以把它燃烧时的生成物通过烟囱输送到上面的瓶子里。用不了多久大家就会发现，上面瓶子里收集到的气体，不仅会对蜡烛的燃烧产生不良的作用，而且还会具有一些其他的特性。

现在，我们取一些生石灰，并倒入一些普通的水，稍作搅拌后用滤纸把它过滤到另一个瓶子里，即可得到一种澄清的像水一样的透明液体。在另外的那个瓶子里，我已经备好很多这样的液体，不过我还是要当着大家的面用生石灰和清水进行混合，制成这样的液体备用，好让大家知道它有哪些用处。如果我取一些这种清澈透明的石灰水倒入这个瓶子，而这个瓶子里收集的是蜡烛燃烧时生成的气体，那么大家马上就会看到有显著的变化。

大家看到了吗？瓶里的水变成了乳白色。不过，如果只是让瓶里的水与空气混合，就不会发生这样的现象。请看，这只瓶子里装的是空气，如果我向里面倒一些石灰水，无论是空气中的氧还是氮，抑或是其他的什么成分，都不会让石灰水发生任何变化。石灰水依然会保持清澈透明，在通常情况下，即使将瓶子不断地晃动也不会有任何的变化。但是如果我让这个瓶子里的石灰水接触到蜡烛燃烧的产物后，它会迅速变成乳白色。

这是白垩，由我们用来制造石灰水的石灰和蜡烛里的一些东西混合而成，而这正是我们所寻找的另一种东西，也是今天我想要跟大家聊一聊的。白垩在不发生反应的情况下，肉眼是看不到的，这种反应既不是石灰水与氧所引起的，也不是氮或者水本身造成的，而是石灰水与蜡烛燃烧时生成的，对我们而言是一种新的物质化合而成的结果。

大家现在所看到的这种白色粉状物，就是石灰水与这种新物质发生反应后产生的，这种白色粉状物看起来跟白垩很像，如果对其加以仔细研究就会发现，其实这就是白垩。所以我们被引导着，或者说已经被引导着在不同的情形下来对这个实验进行观察，并去追溯白垩产生的各种原因，从而真正彻底地了解蜡烛燃烧的真实情况。如果我取一些白垩，加入适量的水后放入蒸馏器里加热，你会发现其产生的气体与蜡烛燃烧时生成的气体完全相同。

其实，我们还有更好的办法来大量获得这种气体，以便于进一步确定它的一般特性。大家会发现这种物质大量存在，随处可见。所有的石灰石都含有大量的这种气体，其性质与从蜡烛中产生的完全相同，我们称之为二氧化碳。此外，所有的白垩、贝壳和珊瑚也都含有大量这种气体。我们发现这种气体往往固化在诸如大理石和白垩之类的石头中，失去了其原有的气体特性，并呈现出固体的状态，基于这样的原因，人们也把它称为固定气。我们可以毫不费力地从大理石中获取这种气体。

现在我就证明给大家看，这里有一只瓶子，里面盛有一点盐酸。现在我取一支点燃的蜡烛，放入瓶子里，大家请看，蜡烛燃烧得很正常，这说明从盐酸的水平面到瓶口之间只有普通空气。这是几块漂亮上等的大理石[1]，如果我把这些大理石块放到瓶子里，里面立刻就像开了锅似的不断沸腾起来，但是从中

①大理石是由碳酸和石灰化合而成，在与盐酸相遇后，即可生成氯化钙并释放出二氧化碳。

冒出来的并不是水蒸气，而是另外一种气体。

如果现在我用一支点燃的蜡烛来测试瓶里的气体，得到的结果一定和上次那根凑到罩着蜡烛的烟囱口上的火柴一样，马上就会熄灭。无论是在瓶子里还是在烟囱口，都是由同一种物质引起的相同反应。也就是说，大理石和盐酸化合后生成的气体与蜡烛燃烧时生成的气体是同样的东西。

因此，通过上述方法，我们取得了大量的二氧化碳并已经将整个瓶子装满。我们还发现这种气体不仅仅存在于大理石中。如果取一些普通的白垩，放在水里清洗干净，去除其中粗大的颗粒杂质，弄成粉刷匠用来粉刷墙壁时那样的，然后和水一起装进这个大瓶子里，并向里面倒入一些浓硫酸，同样也可以产生二氧化碳。大家如果想亲自做这个实验，也必须要用到这种酸，因为只有浓硫酸与石灰化合才能产生不易溶解的沉淀物。如果使用的是盐酸，石灰只会溶解而不会产生沉淀。

大家也许想要知道，我为什么要用这么大的瓶子来做这个实验。其实原因很简单，我在这里用大瓶子来做实验，大家可以看得特别清楚，等大家回去以后，自己就可以用小瓶子来重复这个实验。大家看，瓶子里出现了相同的现象，我在大瓶子里用浓硫酸与白垩发生反应所得到的二氧化碳，与蜡烛在空气中燃烧时所生成的气体没有丝毫差别。尽管我们所采用的两种方法有很大的差别，但是无论采用两种方式中的哪一种，得到的结果都是一样的，产生的都是同样的二氧化碳。

现在，我们要继续使用这种气体来进行下面的实验，来了解一下它的性质。这里有许多装满二氧化碳的瓶子，现在我要从中取一个，就像我们以前研究其他气体一样，对里面的气体进行研究，先考察一下它能不能燃烧。看吧，这种气体既不可燃，也不助燃。而且正如我们已经知道的，它也不怎么溶于水，因为我们可以轻而易举地从水面上收集到这种气体。此外，我们也已经知道，它一旦与石灰水接触，就会使之变白，成为构成碳酸钙或石灰石的成分之一。

下面，我必须向大家说明的是，这种气体在碰到水之后的确会溶解一点点，这也是它与氧和氢不同的地方。请看，我这里有个仪器可以用来制取二氧化碳溶液。在这个仪器的下层放置的是大理石和酸，而上层则盛有一些冷水，在上下层之间装有一些阀门，下层的气体可以通过这些阀门进入上层。现在，我准备叫这套设备开始运行起来，大家可以看到水里的气泡汩汩地往上冒，似乎已经这样冒了一整夜。

图 50

但同时我们也会发现，这种冒出来的气体已经有一部分溶解在水里了。如果我们取一个小杯子，从中舀一些水出来尝一尝，感到有点酸酸的，这就说明水里已经含有二氧化碳了。如果我现在再向这个小杯子里面加一些石灰水（图 50），它立刻会变成浑浊的乳白色，这进一步说明了二氧化碳的存在。

二氧化碳是一种分量很重的气体，比空气的重量还要重。我把已经谈到过的几种气体的质量，包括二氧化碳在内，做了个比较，列在下面的对照表里，这样大家看起来或许会更加清楚。

	每立方分米	每立方米
氢	0.084 克	84 克
氧	1.33 克	1.33 千克
氮	1.17 克	1.17 千克
空气	1.25 克	1.25 千克
二氧化碳	1.9 克	1.9 千克

通过上面的数字可以看到，每立方分米的二氧化碳重量为1.9克，每立方米则为1.9千克，差不多等于2千克。我们可以通过许多实验来证实，二氧化碳是一种比较重的气体。如果我取一个空玻璃杯，里面除了空气以外什么都没有，而这一个玻璃杯里则装有二氧化碳。现在，我要把这第二个杯子里的二氧化碳往这个空杯子里倒一些进去。但是，单凭肉眼来看，我也不太确定到底有没有倒进去。

那要怎么办呢？其实，我只需要用这支点燃的蜡烛试一下就能知道了。请看，果然已经倒进去了，因为蜡烛一放进去就不再燃烧了。如果我改用石灰水测试，也可以通过观察石灰水的颜色是否变白来确定二氧化碳的存在。另外，我还可以把这只小吊桶放进这口二氧化碳“井”里试一试。实际上，真正的二氧化碳“井”我们也经常可以碰得到。如果“井”里真的有二氧化碳存在的话，我用这个小吊桶一定可以把它打上来。现在我们要用蜡烛来检测一下，瞧吧，果然打上来的是满满一桶二氧化碳。

这里，我还要给大家展示另外一个实验来说明二氧化碳的质量。在天平的一头放有一个空的玻璃筒，另一头则放置了一个砝码使其处于一种平衡状态。但是，当我把二氧化碳倒入只盛有空气的玻璃筒以后，大家会看到天平立即向这一侧倾斜下来（图51）。此时，如果我再把一支点燃的蜡烛放进玻璃筒里来测试，会发现筒里的气体完全丧失了助燃性，这就说明我的确已经将二氧化碳倒入了里面。

图 51

如果我再往玻璃筒里吹个肥皂泡，大家会发现它一直在筒里漂浮着不往下落，之所以会出现这样的现象，是由于肥皂泡里装的是空气，分量比二氧化碳轻，所以它无法沉到筒底。然而，我们并不清楚玻璃筒里的二氧化碳到底有多少，所以需要先用这只装着空气的小气球试一下。这样我们就可以通过玻璃筒里小气球漂浮的位置，来确定玻璃筒里二氧化碳所达到的高度。

大家请看，现在小气球浮在二氧化碳上面不动了，如果我向筒内再次加入二氧化碳，随着二氧化碳的不断加入，小气球会随之越升越高。瞧，现在小气球已经飘到筒口了，这说明筒内的二氧化碳已经快加满了。现在我要吹个肥皂泡来试一下，看看它是不是同样能浮在二氧化碳上面。看吧，因为空气比二氧化碳的重量轻，这个肥皂泡也能像小气球一样飘在它的上面。

那么，关于燃烧时二氧化碳的生成及其物理性质和重量，我们就先讲到这里，等下次我们再见面的时候，我会跟大家详细介绍一下二氧化碳的构成，以及这些构成元素的来源。

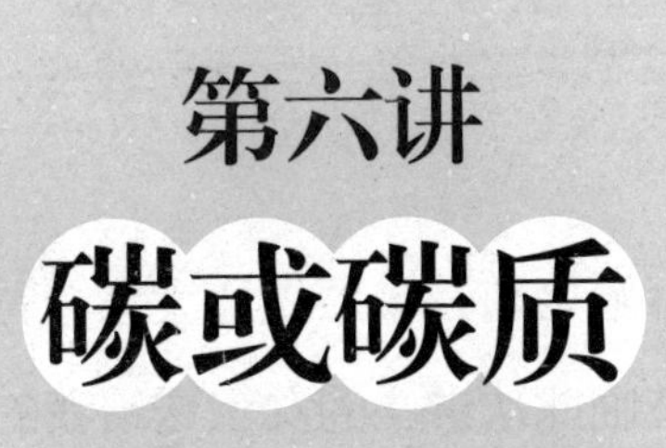

第六讲

碳或碳质

轻松导读

蜡烛燃烧不充分时会冒黑烟，二氧化碳就是从黑烟中跑出来的。二氧化碳是碳和氧结合后产生的。碳作为一种固体物质燃烧，仅靠加热无法改变它的性质，不过最终会化为气体；蜡烛的燃烧和身体内部的燃烧是非常有趣的，因为两者都产生了二氧化碳。关于二氧化碳的更多知识，我们来读读下文就知道了。

在讲座正式开始之前，我想先请大家看看这些来自日本的蜡烛，这是一位莅临此次讲座的女士送给我的，我看这两支蜡烛就是用我前面讲座里提到的那种材料做的。依我看，这些蜡烛的精美程度远胜法国制的，从外表看，简直可以称得上是奢侈品。这种蜡烛还有一个特殊之处，它的灯芯是中空的，像油灯一样，所以很有价值。

我得跟那些收到过来自东方的这种礼物的人们说一下，这种材料制成的蜡烛时间长了以后，表面会慢慢地失去光彩变得黯淡，但是只要用一块干净的棉布或是真丝手帕擦一擦，它立刻就能恢复原有的光鲜亮丽。我先擦一支蜡烛给大家看看，擦过的这支和没有擦过的差别有多大呀！大家仔细看看，这种日本产的蜡烛的色彩比欧洲制的圆锥形蜡烛更加艳丽。

现在我们回到正题，之前我们讲了很多有关二氧化碳的问题。我们已经发现从蜡烛或是油灯燃烧中收集到的气体，在经过石灰水实验后会得到一种白色的不透明的物质。这种物质实际上跟贝壳、珊瑚，以及地球上的许多岩石和矿物一样，都是一种石灰质。

但是，由蜡烛燃烧而生成的二氧化碳的化学性质，我们谈得还不够充分，不够清楚，所以我们现在必须要把这个问题好好分析一下。对于蜡烛燃烧的产物，我们已经一一见过，关于它们的性质也都分别做了一些研究。我们已经探索了水的各个组成元素，现在我们要来看看蜡烛燃烧的产物——二氧化碳的组成成分。

下面我们要通过几个实验给大家加以展示。大家应该还记得，燃烧不充分的蜡烛会冒黑烟，但是如果蜡烛燃烧得很充分，就不会有烟出现。大家应该知道，正是这种黑烟的炽热燃烧才成就了蜡烛火焰的亮光。

现在，我们来做个实验证实一下，只要烛焰中的黑烟不停地燃烧，它就能发出美丽的光亮，而绝不会有黑色的微粒出现在我们面前。我需要点燃一种可以熊熊燃烧的东西，这种洒上了松节油的海绵就不错，刚好符合我的心意。大家请看，已经开始有黑烟呼呼地冒出来飘散在空气中，大家请记住，蜡烛燃烧产生的二氧化碳也是从这样的黑烟里跑出来的。

为了能让大家看得更清楚，我要把这个洒了松节油的海绵放入盛有大量氧气的玻璃瓶里。大家请看，现在黑烟已经全部消失了。刚才因为松节油燃烧而飞散到空气中的碳，已经完全被氧气燃烧消耗掉了。通过这样一个简陋的实验，我们大家从中得到的结果以及结论，和在蜡烛燃烧中所得到的完全相同。

我之所以要采用这样的一种方式来进行实验，目的就是想尽量简化各个步骤，只要大家仔细观察，就能毫无困难地理解它的整个变化过程。无论是在氧气中，还是在空气中，碳燃烧都会产生二氧化碳。如果空气充足，碳粒就能充分燃烧并发出明亮的火焰；相反，如果没有充足的氧气，未能燃烧的多余的碳质就会乘机逃出，形成黑色的烟雾，导致火光黯淡。

在明白了这些道理之后，进一步观察碳和氧化合形成二氧化碳的过程，理解起来会比以前更加容易。为了能把这个问题说得更加清楚，我准备再做上三四个实验。

这里有一个装满氧气的玻璃瓶，还有几块已经在坩埚里烧得通红的碎炭。在这个实验里，玻璃瓶必须是干燥的，我们会看到，整个实验做得不会很完美，但是结果却很明显。大家请看，这是碎炭在空气中燃烧的状态，现在，我要把碎炭放到充满氧气的玻璃瓶里。请大家观察一下，它在氧气中燃烧时会有什么不同。

大家远远地看过来，可能会认为在氧气中燃烧的碎炭好像烧得火光熊熊，但实际上并非如此。其实，碎炭烧得像火花一样，并没有火焰冒出来，一边燃烧一边制造二氧化碳。我特别希望通过这两三个实验能够向大家指出的，同时也是我想要跟大家详尽说明的是碳燃烧时并没有火焰出现。

下面，我要用大块的木炭来代替碎炭，这样大家就能清楚地看到它燃烧的形状和程度，以及所发生的反应。这里有一瓶氧气，还有一块木炭，我在它上面绑了一小截木柴，这样我就可以不费力地将木炭引燃了。现在，大家请看，木炭已经燃烧起来，但是并没有窜出火焰，即使看起来有那么一点点小得可怜的火苗，也并非是木炭燃烧的结果，而是因为紧贴在它的周围产生了一种可燃性气体——一氧化碳。

大家看，木炭还在继续燃烧着，在此过程中碳或碳质（两者完全相同）与氧气化合，慢慢地生成二氧化碳。我这里还有一块由树皮烧成的木炭，一旦燃烧起来就会噼啪作响爆裂成许多的小炭粒。在热作用下，大块的木炭分裂成许多小的炭颗粒飞了出去。但是，每一颗炭粒的燃烧方式都会跟整块炭一样，只发出炽热的光亮却没有火焰。我认为用这个实验来说明碳燃烧的状况，最为合适不过。

碳和氧就这样一下子化合成了二氧化碳，如果用石灰水测试，我们也只会得到相同的结果。按重量计算，取6份碳（无论是来自烛焰或是木炭粉末都是一样的）和16份的氧放在一起化合后，我们可以得到22份的二氧化碳。就像我们上次看到的那样，这22份二氧化碳与28份石灰化合能够生成普通的碳酸钙。如果对一只蚝壳进行分析，称量一下它各个成分的质量，我们会发现每50份蚝壳中含有6份碳、16份氧和28份石灰。不过，我不打算再用这些数字来麻烦大家了，我们现在要研究的只是事物的一般性质。

现在我们回过头来看一看，木炭在氧气中燃烧得怎么样了（指向在盛着氧气的玻璃瓶里静静燃烧的木炭块）。实际上，我们可以说它熔化在围绕着它的氧气中了。如果这是一块很纯的木炭，而且这种木炭很好找，那么它在燃烧后就不会留下一点儿残渣。纯净的碳质燃烧以后不会留下任何的灰烬。

碳作为一种固体物质进行燃烧，仅靠加热无法改变它的固体性质，不过最终它还是化为了气体，而且在一般情况下不会再被冷凝成固体或是液体。更有意思的是，在氧与碳化合后，玻璃瓶里气体的体积并没有发生改变。也就是说，它的体积自始至终保持原状没有任何变化，只是现在变成了二氧化碳。

在大家对二氧化碳的一般性质有充分的认识之前，还有一个实验必须要做一下。既然二氧化碳是一种由碳和氧组成的化合物，那么，我们应该可以对其进行分解。实际上我们的确可以这样做，就像我们分解水一样，现在我们也要对二氧化碳的组成元素进行分解。分解二氧化碳最为简单、快速的方法就是利用一种物质将二氧化碳中的氧吸引出来，而只单独留下碳。

大家应该还记得，当我把钾放在水里或者是冰面上的时候，它立即就从氢那里把氧夺走了。现在，我们要用同样的办法来对付二氧化碳。大家知道二氧化碳是一种比较重的气体，所以我并不打算用石灰水来测试它，因为这样会影响我们接下来要做的实验。不过，我认为二氧化碳这种分量较重的特性以及它的灭火性能，就足以帮助我们进行实验了。

现在我把火往二氧化碳里一放，火是不是马上就熄灭了呢？大家请看，火立马就灭掉了。说不定这种气体可以扑灭磷的燃烧，磷的燃烧能力非常强。这里有一块燃烧得非常炽热的磷，现在我要把它放到二氧化碳里面，大家请看，火光顿时熄灭了。可要是再拿回到空气里，它就会死灰复燃。现在我要再用钾来试一下，它即使是在常温的环境下也可以与二氧化碳发生反应，但是它的表面会很快形成一层保护膜，所以变化不易察觉，不适合用来给大家展示。但如果我们在空气中把它加热到着火点之后——这点我们当然可以做到，就像刚刚我们对磷做的那样——然后再把它放到二氧化碳里，我们会发现它照样可以燃烧。那么，既然它可以燃烧，就说明它能够夺走二氧化碳中的氧，这样我们就能够看一看剩下的东西是什么。为了证明二氧化碳中的确有氧的存在，现在我就要让这块钾到二氧化碳里烧一会儿。

现在，我要让它先在空气中烧起来，（在实验的准备阶段，这块钾受热后发生爆炸）有时候钾燃烧起来，的确会像爆竹似的噼里啪啦地炸起来，所以得格外小心。现在我们得换一块钾了。看，这块钾已经燃烧起来了，现在我要把它放到装有二氧化碳的瓶子里，让它在里面继续燃烧。不过，它在二氧化碳中燃烧得没有在空气中好，这是因为二氧化碳里的氧是跟碳化合在一起的，但是它依然在燃烧，在掠夺氧。如果我把它放到水里，大家就会发现，除了会产生钾碱以外，还会产生一定数量的碳。

虽然这个实验做得很不严谨，只花了我5分钟，但是我可以跟大家保证它的实验效果毋庸置疑，即使我做得极其细致严谨，花上一整天的工夫，也不过就是把得到的碳毫无遗漏地装在汤勺里罢了。看，这些其貌不扬的黑乎乎的东西，就是从二氧化碳里取得的碳。这个实验充分证明了二氧化碳是由碳和氧化合而成的。所以我还可以这样跟大家说，在通常情况下，碳燃烧必然会生成二氧化碳。

如果我将这块木片放进装有石灰水的玻璃瓶里，然后拿起瓶子使劲儿摇晃，让里面的石灰水、木片和空气充分接触。大家会看到，只要我一停下来，瓶子里的东西还是和原来一样互不干扰，分得一清二楚。如果我让这个木片在瓶中的空气里燃烧的话，正如我们所知道的，必然会产生水。但是，会不会产生二氧化碳呢？大家看，木片在瓶里燃烧之后，石灰水立刻变白了，的确有二氧化碳生成，因为二氧化碳碰到石灰水后会生成碳酸钙，让原本清澈的石灰水变白，而二氧化碳中的碳必然是来自木片或是蜡烛之类的东西燃烧生成的。通过一个有趣的小实验，就能证明木材中有碳存在，实际上大家也经常在做这个小实验。取一根火柴把它划燃后，不等它烧完就把它吹灭，火柴头上被烧过的黑黑的地方就说明了有碳质存在。

但是有些东西中的碳并不会以这样的方式出现。比如蜡烛里就含有碳，但是我们看不出来。大家请看，这里有一瓶煤气，它在燃烧的时候会产生大量的二氧化碳，但我们却看不到它其中所包含的碳质。不过，现在我马上就可以让大家看到它。如果我现在将这瓶煤气点燃，它会一直燃烧，直到最后烧光为止。大家请看，煤气燃烧的时候我们看不到碳，但可以看到火焰，所以我们可以从它的亮光上推断出其中一定有碳的存在。

我还有另外一种方法也能让碳现身。在另外的一个容器里装有一些煤气，同时还混入一种能够使氢燃烧却不能使碳燃烧的物质。现在我要用烛火将其点燃，这样氢就会燃烧并被消耗，而碳则被留了下来，无法燃烧而变成了浓浓的黑烟。我希望通过上面的三四个实验，大家能明白：碳会在什么情况下出现，以及煤气和其他物质在空气中充分燃烧时又会产生哪些生成物。

在我们结束碳这个问题之前，让我再做几个实验，来说明一下碳在燃烧时的一些特性。在前面的实验里我们看到：碳是以固体形态进行燃烧的，但是一经燃烧后，它便不再保持原有的固体状态，而是变为气体了，几乎没有其他的燃料燃烧后会出现这样的反应。

实际上，除了碳族这个大家庭，如煤、炭、木材等之外，其他燃料基本都不具有这样的燃烧特性。据我所知，除了碳族以外，没有任何其他的元素物质的燃烧可以满足这样的条件。如果碳不具备这样的燃烧特性，那么我们又会怎样呢？要是所有的燃料都像铁一样，燃烧之后生成沉甸甸的固体物质，恐怕到时候我们连火炉都烤不上了。

这里还有另外一种燃料具有良好的燃烧性，就算不比碳更强，但也不比它差。正如大家所看到的，这种物质在空气中可以自行燃烧。（打破一根装满引火铅的管子）这种物质就是铅，看吧，它的可燃性多强呀！这种物质间的间隔很大，就像壁炉里堆积的煤炭一样，因为里里外外都可以接触到空气，所以能够燃烧得特别好。

但是为什么当我把这些铅粉倒在铁盘上堆成一堆的时候，它就烧不起来了呢？原因很简单，就是因为它们无法与空气充分接触了。这种物质在燃烧时温度很高，相当于火炉的火力，但是它燃烧后会生成硬块，不与本体脱离，依然盖在它上面，从而导致内部尚未燃烧的部分无法与空气接触，所以也就无法继续燃烧。然而，碳的燃烧情况则与此大不相同了。虽然碳与这些铅粉的燃烧方式完全相同，无论是在火炉里，或者是任何地方都同样可以烧得非常旺盛，但是碳燃烧之后的生成物则是随烧随散，所以剩下的碳依然可以接触到空气继续燃烧，而不会受到丝毫的影响。

前面我已经跟大家展示了，碳在氧气中燃烧得非常干净彻底，不会留下任何灰烬。然而我们面前放着的这堆铅，不仅烧出了残渣，而且因为燃烧时与氧发生化合作用，残渣的数量和质量都比原先的要多。如果我们用的是铁，结果也会是一样，这就是碳和铅、铁的不同之处。

如果碳燃烧的生成物是固态，那么它就会四处飞散，整间大厅都会被一种不透明的物质所占据，就像磷燃烧时出现的情况一样。但是实际情况是，碳在燃烧后，一切皆化为乌有，消散在空气之中。碳在燃烧之前，呈现出一种固有的几乎无法改变的样子，但是燃烧之后它就化为了气体，此时要想把它再变回固体或是液体就难上加难了——虽然我们已经成功地做到过。

现在我要带着大家一起来研究一个极为有趣的问题——蜡烛的燃烧和身体内部燃烧的关系。在我们每个人的身体内部，都有一种燃烧过程在不断进行，这种过程与蜡烛的燃烧极为相似。而这一点，我必须得给大家说清楚，因为这两者之间并非只是在文字上的相似，只要大家愿意聆听，我会给大家解释清楚的。为了能清楚地说明两者之间的关系，我准备了一套可以马上在现场装配好的小设备。

这里有一块板子，上面刻有一条凹槽，我可以将它覆盖住形成一条暗沟，并在凹槽的两头各留出一个小孔，再在两个小孔的上面各罩一个玻璃筒，这样通过小孔和暗沟，两只玻

图 52

璃筒里的空气就可以自由流通。如果我取一支点燃的蜡烛，放进其中的一个玻璃筒里（图52），大家请看，它可以照样正常燃烧得非常好。正如大家所看到的，维持蜡烛正常燃烧的空气通过另一个玻璃筒进入到暗沟，再从另一端的小孔冒出来进入到放置蜡烛的这个玻璃筒里。

如果我把空气进口处的小孔堵住，燃烧就终止了，就像大家看到的这个样子，因为我停止了空气的供应，结果蜡烛就熄灭了。从这里可以得到什么结论呢？如果我用一套比较复杂的设备，像上次实验的那样，把一支蜡烛燃烧生成的气体导入这根玻璃管，那么这支本来燃烧得挺好的蜡烛也会熄灭。但是，如果我告诉大家我呼出的气体也可以使蜡烛熄灭，那么大家又会作何感想呢？当然，我的意思并不是说要把蜡烛吹灭，而是靠自然呼吸呼出的气体就可以让蜡烛的燃烧停止。

现在，我要把嘴凑到这个没有蜡烛的玻璃筒那里，这样就避免了任何把烛火吹灭的可能，同时也不让空气进入，只允许我呼出的气体钻进小孔里进入玻璃筒。大家请看结果，蜡烛熄灭了，但并不是我吹灭的，我只是让我呼出的气体进入这个设备，通过小孔以及暗沟，再从另一端冒出来，结果烛火就因为缺氧而非其他原因熄灭了。

我的肺在一呼一吸间将空气中的氧消耗掉了，所以我呼出的气体无法再支持蜡烛的燃烧。我想大家一定看到了，从我开始向这个设备里呼入气体到最终抵达燃烧的蜡烛使其熄灭，实际上花了点时间。一开始蜡烛还是燃烧着的，但是只要我呼出的气体不断累积，最终达到蜡烛火焰的高度以后，它就灭掉了。

因为这部分内容对我们的讲题很重要，所以我打算给大家再做一个实验。这里有一个装有新鲜空气的通底瓶，正如大家看到的，它可以支持蜡烛或是煤气灯的燃烧。不过，现在我要把瓶口塞住并插入一根吸管，这样我就可以通过这根吸管用嘴来呼气、吸气。然后，我再将这个瓶子放入水盆里，用这根吸管将空气吸入我的肺里，然后又再呼回去。

现在我们来测试一下，看看会出现什么样的结果。大家应该已经通过瓶里水面的升降，明显地察觉到空气的吸出和呼入（图53），当我吸入空气的时候，水面会随之上升，待到我将空气呼出来，水面又会跟着下降。现在我们取一支蜡烛放到瓶子里，看看会出现什么变化。

图 53

瞧吧，只需要一次呼吸，甚至都不需要第二次呼吸，瓶子里的空气便全遭到了破坏，失去了助燃性，蜡烛也随之熄灭了。现在，大家就都明白室内空气的通风调节是多么的重要，因为只需要一次呼吸就会将空气搞得如此的糟糕，所以新鲜的空气对于我们身体的健康来说至关重要。

现在我们要利用石灰水来进行进一步的研究。这里有一个圆形的玻璃瓶，里面装了一些石灰水，上面还另外插了两根细玻璃管（图54）。这样空气就可以通过这两根玻璃管自由进出玻璃瓶，进而我们就可以确定，呼吸过的和未经呼吸的空气分别会与石灰水发生什么样的反应。之所以这样设计，是为了让我既可以通过A管将瓶内的空气吸入肺中，也可以通过B管让肺内呼出的气体进入瓶底，从而看到它对石灰水所产生的反应。

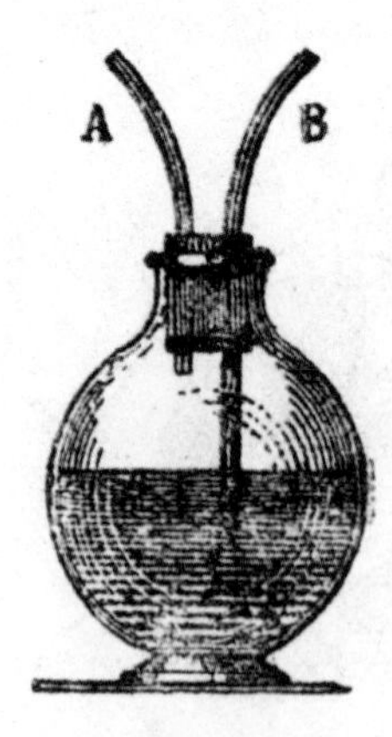

图 54

大家请看，现在我利用A管把瓶里的空气往外吸，可无论我吸多久，石灰水依旧清澈透明，一点变化都没有。但如果我通过B管将从肺里呼出的空气呼入石灰水里，只要连续呼上几次，石灰水立即变成乳白色了。这就说明经过呼吸的空气对它产生了反应。现在大家都明白了，我们的呼吸之所以会对空气造成破坏就是因为二氧化碳，通过石灰水的实验我们已经亲眼看见它的影响。

我这里还有两个玻璃瓶，一个里面装的是石灰水，而另一个里面装的则是普通的清水，两个玻璃瓶中间有根弯弯的管子，将它们连通起来（图55）。这个装置虽然有些简陋，但是很实用，实验效果也非常好。当我含着管子吸气的时候，瓶内的空气就进入到我的肺里，等到我向外呼气的时候，呼出的气体不能按照原路返回，而必须从石灰水那里通过。结果大家就会看到玻璃瓶里出现两种不同的情况：一种是未经呼吸的空气与石灰水不会发生任何的反应；而另一种则是仅与我呼出的气体有过接触的石灰水开始变得浑浊发白了。

现在我们来再进一步看一看这种发生在我们身体里不可或缺的变化过程，究竟是怎么回事呢？这一过程并不以我们的意志为转移，不分昼夜，不曾停歇，要是谁硬是屏住气不呼吸，坚持的时间也非常有限，不然就活不成了。即使在我们入睡以后，呼吸器官以及与其相关的各个部分依然会一刻不停地工作，因为呼吸对于我们来讲是如此的重要，所以空气对于我们的肺来说也同样至关重要。

图 55

现在，我要简要地跟大家谈谈这个生理过程。大家知道，我们吃进的食物在经过体内特殊而复杂的消化器官消化以后，被输送到身体的各处，但是其中有一部分会通过某组器官以血液的形式到达肺部。同时，我们所呼吸的空气又通过另外一组器官由肺部吸入或是呼出。这样空气和由消化系统送来的消化生成物得以亲密接触，中间只隔了一层极薄的薄膜。因此，空气在此过程中获得了与血液发生反应的机会，从而发生我们已经看到过的，与蜡烛燃烧完全相同的情况。

蜡烛与空气中的部分物质——也就是氧——发生化合反应，生成二氧化碳并释放热量，而肺里面也同样发生着这种奇妙的变化过程。空气被吸入肺部，其中的氧与碳发生反应（身体里的碳并非自由的碳元素，但已做好时刻与氧发生反应的准备），生成二氧化碳，随后被呼出体外进入到空气中，同时也产生了我们维持生命所需的热量，所以我们可以将食物看成是燃料。

让我们取一些糖来分析一下，大家就清楚了。糖是一种化合物，由碳、氢和氧化合而成，其成分与蜡烛完全相同，只是各个成分在其中所占的比例有所不同而已。糖的各个成分比例如下表：

糖

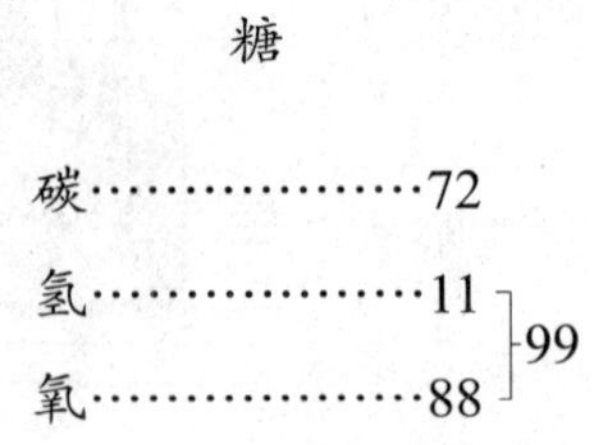
碳……………72
氢……………11 ┐
　　　　　　　　├99
氧……………88 ┘

有意思的是，上表里氧和氢的比例居然与氧和氢在水里的比例完全一样，这可真让人印象深刻呢！所以，也可以说糖是由72份的碳和99份的水化合而成。正是糖里面的碳与呼吸过程中随空气进入体内的氧发生反应，才使得我们像蜡烛那样，在经过极其微妙而简单的变化过程后，释放出热量，并生成许多我们赖以生存的更加宝贵的东西。

为了能让大家有更加深刻的印象，我需要用到一些糖，不过为了节省时间，我打算用3份糖和1份水的比例调制出的糖浆来进行实验。如果我往这种糖浆里倒入一点儿浓硫酸，再搅拌一下，用不了多久，硫酸就会把糖浆中的水吸收掉，而剩下的只有一块黑乎乎的炭。大家请看，炭开始不断地从糖里面分解出来了，用不了多久，我们就会有一块完全从糖里得到的硬邦邦的炭了。

大家都知道，糖是味道甜甜的食物，但出乎意料的是我们从糖里得到的却是一块儿实实在在的黑炭块。要是我想个办法把糖里的碳质氧化一下，那效果一定会更加地精彩。我这里有一些糖，还有一种氧化剂，它的氧化能力可要比空气强得太多了。这种氧化剂对碳的氧化过程，虽然形式上与呼吸并不相同，但是本质上并没有什么区别。

碳在与身体里的氧发生接触后，立即发生燃烧反应。但如果我把它们混合起来，糖里的碳跟氧化剂里的氧会立即发生反应，马上着火燃烧起来。这跟我们肺里发生的情况完全相同，只不过肺里的氧来自空气，反应过程没有这个实验这么激烈罢了。

如果将碳这种有趣的变化归纳起来用数字表示的话，大家一定会感到惊讶不已。一支蜡烛可以点上四到七个小时，而一个人每天要连续不断地呼吸24个小时，大家想想看，每天会有多少二氧化碳经由燃烧或是呼吸的方式产生并散布到空气里，而大自然又会发生怎样惊人的变化呀！

一个人呼吸24小时，会将198.8克的碳变成二氧化碳。仅靠呼吸行为，一头奶牛每天就可以将1.988千克的碳转化为二氧化碳，一匹马则是2.244千克。也就是说，一匹马的呼吸器官一天24小时会燃烧消耗掉2.244千克的碳，才能保持它当天的正常体温。所有的温血动物都是采用这种方式——即碳的转化，也就是对体内非自由状态的碳进行化合——来保持身体温度的。

所以大家现在应该对我们的空气在一天之中所经历的惊人变化有了不同寻常的概念。仅伦敦这座城市，一天24小时之中由呼吸产生的二氧化碳就高达2270吨（500万磅）。

可是，这些二氧化碳去哪里了呢？当然是跑到空气中去了。大家不妨想象一下，要是碳也跟我先前给大家展示的铅或是铁那样，燃烧的时候会生成某种固体物质，那么将会有何种后果呢？结果显而易见，燃烧将无法继续进行下去。正是因为碳在燃烧后转化成为气体而被释放到空气中，而恰巧空气又是个伟大的搬运工，所以在它的帮助下，二氧化碳被转运到其他的地方去了。

可二氧化碳究竟被运送到哪儿去了呢？说起来奇妙的是，由呼吸引起的这种对于我们人类而言极为有害的变化（因为我们不能对空气进行二次呼吸），却恰恰成为地球上植物成长发育必不可少的养料。在辽阔的海底世界里，情况也是如此，鱼类和其他的水生动物虽然不与空气直接接触，但是它们进行呼吸的生理作用却与地面生物完全相同。比如这个鱼缸里的金鱼，吸入溶解在水里的氧以后，呼出来的也是二氧化碳。鱼儿们整日游来游去，为动植物相辅相成的和谐共存奉献了自己的力量。

所有生长在地面上的植物，都跟我拿来展示给大家看的这些植物一样，需要从空气中吸取碳质才成长得枝繁叶茂，然而这些植物所需要的碳质恰好来自我们呼吸作用所呼出的二氧化碳。要是让植物在我们认为的纯净空气中成长，那根本不可能，只有在含有碳质的空气里，它们才能快乐成长。这截木头与所有的树木和植物一样，生长所需要的碳质都来自空气之中。正如我们所知道的那样，那些对我们有害的物质却恰恰是对它们有益的。

因此，我们不仅依赖于我们的同类，也依赖于我们的共生物，也就是说整个自然界都被一些自然法则联系在一起，这些法则让大家互惠互利、和谐共存。

在我们最终结束这次报告之前，我还有个小问题需要跟大家再说一说。这个问题虽然不大，却很有意思，与我们看到的那些化学反应，以及提到的氧、氢、碳的各种不同形态，都有着连带关系。刚才大家已经看到铅粉的燃烧[①]：在我打碎玻璃管后，铅粉一接触到空气，不等我把它们倒出来，便开始自行燃烧起来了。这就是一种化学亲和力，大家看到的那些化学反应都是靠它来推动的。

当我们呼吸的时候，同样的化学反应也在我们的体内进行着。在蜡烛被点燃以后，其不同部分间的相互吸引、亲和也随即开始了。如果铅燃烧的生成物，能够从原体表面脱离飞散出去，那么铅也可以不断地燃烧，直到最终烧光。

但是大家一定还记得，在这一点上，炭和引火铅是完全不同的。引火铅在与空气接触后会立即发生反应燃烧起来，而炭则可以在空气里毫无变化地待上几天、几个星期、几个月甚至是几年。我们在赫库兰尼姆城[②]废墟里发现的用炭制成的墨水

---

① 将干燥的酒石酸铅放在玻璃管内加热，直到所有的气体全部散去，即可获得引火铅。此时要把玻璃管开口的一端用吹管密封起来。当我们有需要的时候，只要将玻璃管打破，引火铅就会在遇到空气后自行燃烧。

② 赫库兰尼姆城是一座意大利的古城，位于那不勒斯西南 7 公里处。公元 79 年 8 月 24 日在维苏威火山爆发时被毁，与庞贝古城同为火山灰所埋。自 18 世纪以来经过多次发掘，在那里发现住宅、剧院、集议场所、神庙、别墅等的废墟。

写下的手稿，虽然与空气接触了1800多年，但是字迹依然算得上清晰，尚未完全变色。那么，到底是什么因素导致了铅与炭的这种差异呢？

炭明明是一种燃料，却不能像铅或是我展示给大家的其他东西那样立即燃烧起来，非要待在那里拖拖拉拉，一直等待，这难道不奇怪吗？但实际上，等待才恰恰是它的妙处所在！比如蜡烛，这里我们以这支日本蜡烛为例，与铅或铁这类东西不同，只要不被点燃，它就不会发生变化，可以等上几年，甚至几十年。煤气也是如此，大家请看，煤气从煤气管里跑出来进入到空气中，但是却不会自行燃烧，必须要等，等到足够热的时候才开始燃烧起来。要是我把它给吹灭了，它又会开始继续等待，直到我们用火去点才会再次燃起。更有意思的是，大家会发现不同的物质各自等待的温度也不尽相同：有些物质待到温度升高一点点便会着火燃烧，而另一些物质则非要温度升得很高才肯着火燃烧。

我这里有一些火药和火棉，即使是这两样东西，它们的着火点也不一样。火药是由碳和其他物质组成，所以具有很强的燃烧能力。而火棉则是一种浸透了硝酸的炸药，它的燃烧力也不赖。此刻，它们都在等待着，但是它们要等温度达到它们各自的着火点才肯开始活动。现在我要用一根烧热的铁丝去跟它们接触，看看它们谁先烧起来。

瞧吧！火棉已经“砰”的一下烧光了，可火药这边，即使是用铁丝最热的部分去触碰它，也依然不肯起火呢。这已经向大家完美说明了不同物体的着火点有很大的不同。有些物质不肯燃烧，会一直等下去，只有热到一定程度才肯发生燃烧反应，而另外一些物质则同我们的呼吸作用一样，会急不可待地立即燃烧。空气一旦到达我们的肺部，就立即开始与碳进行化合，即使是在人体难以忍受的天寒地冻的低温情况下，这种反应也能马上开始。一旦呼吸作用开始产生二氧化碳，整个生理结构就可以健康正常地开始运行起来。这样大家就可以看出呼吸和燃烧的相似之处是多么的奇妙而又惊人了！

在讲座的最后，我想跟大家说的是，希望你们这一代人都可以成为一支蜡烛，能够用自己的光芒照亮身边的人，并用你的所有行动来诠释蜡烛之美，用你实际且可敬的行为履行自己对同胞的职责。

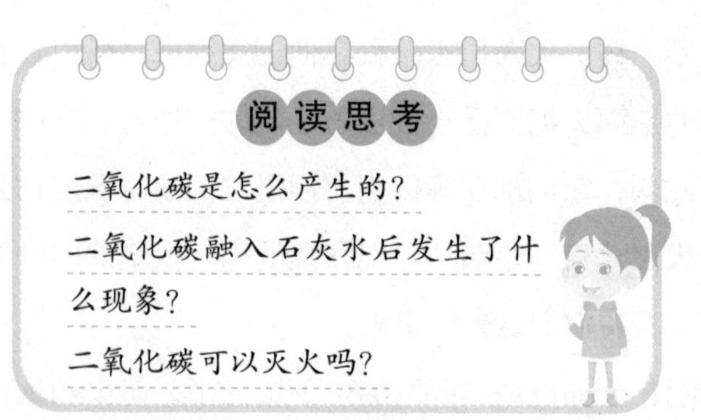